世界名犬训养宝典

优雅紫舌头——松狮犬

宠物印象工作室／侯爽　编著

山东美术出版社

图书在版编目（CIP）数据

优雅紫舌头——松狮犬/侯爽编著.—济南：山东美术出版社，2008.6
ISBN 978-7-5330-2502-1

Ⅰ.优… Ⅱ.侯… Ⅲ.犬—驯养 Ⅳ.S829.2

中国版本图书馆CIP数据核字（2008）第070985号

策　　划：万　宾　　一　力
摄　　影：锥　光
责任编辑：沈　健
装帧设计：灵动视线

出版发行：山东美术出版社
济南市胜利大街39号（邮编：250001）
http：//www.sdmspub.com
E-mail：sdmscbs@163.com
电话：（0531）82098268　传真：（0531）82066185
山东美术出版社发行部
济南市顺河商业街1号楼（邮编：250001）
电话：（0531）86193019　86193028
制版印刷：山东新华印刷厂德州厂
开　　本：889毫米×1194毫米　24开　6.5印张
版　　次：2008年9月第1版　2008年9月第1次印刷
定　　价：25.00元

前　言

关于松狮犬的传说由来已久，有的充满了神秘，有的充满了传奇，有的更是和佛教传说连上了关系。但是这些传说和松狮犬的蓝紫色舌头一样，没有人能在浩瀚的历史长河中给出真正的答案。就如同大多数犬种的神秘背景一样，随着历史的逝去，也许就不会重现，不过还好，至少这个憨厚可爱的大家伙还在我们身边。

在传说中它是神佛的坐骑，是最接近神的狗。它的传说故事基本都来源于它那条神秘的蓝紫色舌头。关于松狮犬的传说中都会提到它为了拯救人类而奋不顾身地用舌头接住了神用来涂抹天空的蓝色颜料，才避免了陆地被海洋淹没这一段充满了佛家寓意的文字。从这以后，松狮的蓝紫色舌头不仅成了它的标志，更成为吉祥如意的代名词!

松狮犬的名字里有个狮字，不仅是因为它有狮子的外形，也因为它有如同狮子一般勇敢和高傲的心。它不会像别的狗一样对着谁摇尾乞怜，也不会为了一餐饭而热情高涨。它的外表看似冷漠，但是对主人的忠诚却是不可动摇的，一些性格比较原始的松狮犬甚至还保有一生只认一主的极度忠诚。

它的眼睛小，却清澈纯洁，似乎可以看透世间万物的沧桑。

它的身躯结实，似乎可以肩负起千钧重担。

它的冷漠，却难掩王者风范。

它就是松狮犬。其实你爱上它以后就会发现，它不仅不冷漠，相反它很可爱。

编者一直认为，养松狮犬的人是热爱生活和热爱发掘生活的人。因为松狮犬带给我们的不只是神秘的气息和古老的传说，更为我们带来了千年历史的传承。凝望一只松狮犬的时候，我想你会看到历史的厚重和时间的沧桑。

这本书是专为喜欢松狮犬这一犬种的人写的，感谢阅读此书的读者，因为是你们对松狮这一犬种的喜爱，才让编者有了创作此书的愿望。感谢本书所有松狮犬图片的提供者和美容示范者杨玲女士，是您对松狮这一犬种义无反顾的爱和投入才让本书完成得如此顺利。感谢杨玲女士的松狮犬俱乐部给予我们的帮助和支持。

目录

第一章

松狮犬(Chow chow)从血统上划入“狐狸犬”一类，虽然从外表很难看出它和萨摩耶犬、阿拉斯加雪橇犬有着共同的祖先，但它确实是这些长嘴犬的同类。此外，它似乎还有西藏獒犬的血统。有人认为该犬是由西藏獒犬和西伯利亚的萨摩耶犬杂交而成；也有资料表明它起源于中国；不少人认为松狮犬也是挪威猎麋鹿犬、荷兰毛狮犬(基斯犬)、德国博美犬的祖先之一。如此多的对松狮起源的猜测和传言，究竟哪个才是最真实的呢？也许我们可以在历史的长河中来慢慢寻找答案！

认识松狮犬

一、最初的历史

松狮犬原产于中国，是一个古老的东方犬种，北京人称之为“广东犬”，广东人则称之为“黑口犬”、“松毛狗”。在中国历史上，松狮犬与西藏獒犬、拉萨犬原都属于喇嘛们尊崇的神圣动物。大约在公元前150年的中国汉朝的浮雕上，就出现过松狮犬的形象，在汉朝有些文物中也可见到，但它的出现年代并不明确，距今约有2800年的历史。

某些历史学家记录：耶稣诞生1000多年前，塔得人侵略中国时，把一种中型狗带到西方，这种狗长得像狮子，有奇特的“蓝紫色”舌头。很多地方都援引这条记录，作为松狮犬出身的考证。但是，作者有一点疑问想在这里提出。

首先，真的很惭愧，作者才疏学浅，甚至没有查证到这条记录的出处。塔得人又是什么人？真的会有足够的力量跨越半个地球从西方侵略到东方吗？

其次，公元前1000年，西方处于什么状态呢？南欧的文明正处于蒙昧时期，氏族公社和小的村落忙于对抗身边的自然环境，艰难度日。而爱琴海地区则出现了文明的第一缕阳光——克里特文明。很多学者相信克里特文明本身就是神秘的亚特兰蒂斯的原形，而它所辐射到的小亚细亚和两河流域也开始了人类第一个繁荣时期。

而此时，身处远东的中国，正是周朝的黄金时期。“天下之大，莫非王土”的大型奴隶帝国真的会被西方人攻击，并听任其掠获后安然离开？

松狮犬到外国的唯一的可能性，就是被所谓的“特得人”带去的。“特得人”就是当时环布在周朝周围的犬戎等少数民族的一支，因为某些原因举族迁徙而最终到达西方，也将松狮的祖先引入到了西方。

现在发现的其他的一些史前物品能够表明，松狮犬的历史甚至要早得多，它也许最初来自于北极，然后移居蒙古、西伯利亚和中国。但唯一能确定的是，这一品种长时间生活于平原地带，这个结论是从松狮犬挺直的后腿和踩高跷似的步伐中推论出来的。

如果说松狮犬来自北极圈，然后从北向南移居，这就能够解释古代蒙古人将一种体大的黑嘴犬用于战争的记录。

不管怎么说，从历史上看来，松狮犬起码是用于狩猎的凶猛狗种。古代的松狮犬被视为恶灵的敌人，一向用来担任守护寺院的任务，以鞑靼族的犬、未开化人之犬、中国狐狸犬而闻名。后来传入中国作为警犬，防止敌人入侵，并成为皇帝及贵族的猎犬。史料中记载，唐代皇宫中曾养有5000只松狮犬。

后来不幸的事情发生了，该犬成了肉和毛皮的提供者，身为高贵的犬种而成为盘中珍馐。中国人开始将它作为肉用犬。由于它的肉鲜嫩而味美，骨、胆汁、舌等还可以入药，故又成为冬季进补之珍品。目前在亚洲各地仍视其为美味珍品。这对于喜爱松狮的人群来说，不仅是一种遗憾，更是一种莫大的悲哀！

二、近代的历史

第一次西洋人描述松狮犬是由牧师吉伯特·怀特、英国塞尔伯人所记载，牧师的邻居在1780年从东印度公司买了一只从广东运来的松狮犬。后来该记录在塞尔伯的《自然历史和古代》一书中出版，当时详细记载了该犬，与今天的松狮犬没有多少区别。

1880年，英国驻北京使馆带回国了一对松狮犬，并赠给维多利亚女王和爱德华七世，由于其文静、高雅，很快成为维多利亚女王心爱的宠物。1889年，英国第一次成立了专门的松狮犬俱乐部。1890年德拜所拥有一只叫塔克雅德的松狮犬，第一次在美国参加展示比赛，并在纽约德威斯敏斯特养犬俱乐部中德混杂品种犬中获得了第三名。1894年英国养犬俱乐部正式承认这一品种及其标准，而后该犬在伴侣犬界异军突起，备受欢迎。后来又被世界各国养犬俱乐部所承认，并以它的优良品质很快成为各国宠物犬爱好者们喜欢和豢养的世界最热门的犬种之一。

三、松狮犬名字的由来

“Chow chow”这个名字并不是基于它起源于中国，在18世纪后半期来自于东方的一些文章里面，它的意思是玩具小饰物或者小古董等，包括一些奇特的物品，例如瓷器和象牙雕像，并且最后被描述为“混合腌制”的东西。无论是可食的或者不可食的，对船只的掌管者来说写成“Chow chow”比描述他所运输的物品的条目要简单得多。

因此，英国人便习惯称之为“Chow chow”。至于被称为松狮，则传说是它们头颈部的鬣毛特别长而蓬松，极像雄狮，走路的步伐也类似雄狮而得名。

而它名字的另一种传说就太让人不寒而栗了。当年松狮犬从皇室“珍宝”落难成为进补的食用犬后，“Chow chow”这种咀嚼的声音也是它名字的来源。

四、松狮犬的性格

松狮犬属于工作犬类，是多功能的万能犬，最早的松狮犬，是被当作狩猎犬、护卫犬和拖曳犬等。它有灵敏的嗅觉，有敏锐的狩猎触觉，擅于捕猎蒙古鸡、湖南鹧鸪，猎人均称赞它有快速的步伐及充沛的精力。但是在现在的AKC正式犬组分类中，松狮犬被分到了家庭犬组，也许这和它们现在的地位和本身功能的改变有很大关系吧!

和所有原生品种一样，松狮犬的性格具有较强的独立性，并且沉稳。和北京狗、哈巴狗等犬种的摇头摆尾不同的是，松狮犬很少主动向人甚至是主人表露讨好的情绪。尾巴，作为一只狗表达好恶的主要工具，在松狮犬的身上好像成为了一种摆设。事实上，松狮犬的尾巴很少大幅度地左右摆动，更多的是尾巴末梢轻轻摇动而已。而且松狮犬本身

华丽的皮毛常常遮住它的眼睛，所以给人的感觉总是昏昏欲睡、对人爱理不理的样子。冷淡、冷漠当然也就成为了它的代名词。

虽然看似冷漠，但是松狮犬对主人的忠诚是没有疑问的。一些性格比较原始的松狮犬甚至还保有一生只认一主的极度忠诚。

五、性格产生的原因

松狮犬独特的性格实际上就是狼系犬（从狼发展来的犬种）的代表性格。

北方的狼过去曾和现在狗的祖先（驯养了的豺）杂交过，一般人常常误以为大型狗才是狼的后裔，其实大谬。根据行为模式的研究结果——所有欧洲的狗种，包括大丹狗和猎狼犬在内，都是纯粹的豺狗，顶多也只带有一点狼的血液。

现存纯种狼犬只有在美洲极地里才找得到，尤其是阿拉斯加犬和松狮犬。格陵兰岛的爱斯基摩狗只有一点豺的特性；但是欧亚大陆里的种种名犬，像芬兰的莱卜兰狗、俄国的撒摩耶狗所带的豺性就要比狼性重，只是它们把从狼那里得到的特征表现得格外明显而已。

沉默的排外主义、对内的同舟共济是狼的特点，所有狼种狗都受这种特点影响，比起豺狗人尽可亲的态度高明很多。它一旦认定了主人，任何人对他再好也没有用，它顶多对你摇摇它的粗尾巴而已。凡是养过这种狗的人大概都有“曾经沧海难为水”之感，对于纯粹的豺狗再没有兴趣。不幸的是，这种矢志不移的特色也有些“缺点”，最糟糕的就是：一旦它成为了“你的”狗，而你又不得不离开它，那就麻烦了，它甚至可能神经错乱……

除此以外，狼性较重的狗虽然比较忠心耿耿，但是它们的服从性却较差。失去你它会死，可是就算你下死力气去教，它也不会言听计从。就是因为这个原因，很少看见一只松狮犬能自动跟在主人身后。它固然会对你至死不渝，可绝不是你的奴隶。虽然它活着不能没有你，可是它仍然过着一种属于自己的生活。

豺种狗就不同了，它们与人同居的历史实在太久了，它们会日日夜夜地等候你的吩咐，它们天生比较听话，这是说你一唤它的名字，不管它高兴不高兴、愿意不愿意，都会答应，它一定会过来，你叫得越急，它来得越快。但是一只狼种狗在同样的情况下，也许连理都不理……

所以看到这里后，我们便多少能对松狮的这种性格感到理解了。

六、松狮犬现状

松狮犬的体毛由红、蓝、黑、乳白四种颜色组成（俗称俄系松狮犬），后由美国和加拿大引进松狮犬并改良其颜色为肉桂色（俗称美系松狮犬）。

20世纪末期，中国由俄罗斯大量引进俄系松狮犬，深受爱犬人士的喜欢，很快成为宠物犬爱好者的新贵。同时有的养殖者在其经济利益的驱使下出现了杂交“松狮犬 ”和大量的近亲繁育的松狮犬，特别是所谓大肉嘴松狮犬的出现。

大肆的改良和大量的近亲繁育使得松狮犬在其性格上、体态上和毛色上均有不同程度的改变，特别是遗传基因的变异、免疫性的缺失使其劣根性很明显地显露出来。

七、松狮犬的类型

目前，松狮犬大体可分以下几种类型。

俄系红色松狮犬：其特点是头、腮毛较短，口鼻较平直，脖子及胸毛较长，体毛火红（深红），致密的中长毛及颈背部有黑毛梢，体稍长。性格温和，抗病力强。目前市场上较少见。

馒头嘴松狮犬：由俄系和美系松狮犬交配而育成。其特点是头、腮毛较长，口吻较俄系松狮犬短粗，俗称馒头嘴松狮。体毛不致密，毛感松软，毛色浅红，有的脖、臀、尾部毛为浅白色。腿短粗，前腿护毛较长，体形短粗。目前市场上也较少见。

肉嘴松狮犬：由馒头嘴松狮和俄系或美系松狮犬交配而育成，其口吻宽短，鼻头和两唇上均有较厚肉垫，口唇上有一或两道皱褶（俗称鼻筋），头、腮、脖毛长而密。特别是公松狮犬趴卧似老虎，体毛多为中红、浅红色，毛长而密，毛色一致，前腿粗短，腿护毛丰厚，体形适中。由于其遗传基因较好，无缺失，性格温和，较好地继承了松狮犬传统优点，是目前松狮犬爱好者的首选。

白色松狮犬：目前国内的白色或带有白色基因的松狮犬多数是由白色松狮犬和黑色松狮犬、红色松狮犬、黄色松狮犬及萨摩耶犬交配而育成的。

大肉嘴松狮犬：据说是由馒头嘴或小肉嘴松狮犬和沙皮犬交配3～5代而育成的。其口吻、头脸极似大京巴脸。虽然它的头脸有较明显的优势，也博得很多松狮犬爱好者的喜爱。但它的缺点也很明显：体味浓，口臭，易流口水，饮食、饮水困难，皮毛梳理较麻烦，身体形态整体不协调。由于遗传基因的先天性缺失，机体的免疫性较差，极易患病。

第二章

对人们来说，养一只松狮犬，不管是专业的赛级名犬，还是普通的居家玩伴，品相优良与否，血统是否纯正都是养犬人关注的重点。

所谓纯种犬，本身就是指经过人们精心选育、身体特点和性格特点保持一致的犬种。纯种松狮犬的身高应该是多少呢？头脸应该长成什么样子呢？被毛都有什么颜色呢？俄系松狮犬和美系松狮犬有什么异同呢……请仔细看一下这一章节，我们会详细告诉你，关于松狮犬标准的一切。

松狮犬的品种标准

一、AKC（American Kennel Club 美国育犬协会）发布的松狮犬品种标准

1. 松狮犬的体形标准

（1）身高：成年品种的平均身高（肩高）雄性：48cm~56cm；雌：46cm~51cm。

对松狮犬来说，最重要的是整体的比例。

（2）比例：从侧面看身体为方形，结构紧凑。前额到臀部的距离等于马肩隆的最高点的高度。如果侧面像不是方形，则视为严重缺陷。从肘尖到地面的距离等于肩高的一半；胸的底线与肘尖水平；从前、后看身体都很宽，而且宽度一样。对于真正的松狮来说，这些比例至关重要。判断幼犬时，不允许出现与这些比例相违背的情况。

（3）身体：属于中型犬，肌肉发达、强壮，骨骼粗大。不同性别相比较时，要制定有利于母犬的标准，它们的头和身体可能无法像公犬那样巨大。与公犬的阳刚之气相比，母犬给人以柔美的感觉。口鼻长、骨骼细小以及过于笨重、成块状的品种都不受欢迎。

2. 松狮犬的头部标准

松狮犬总是表现为昂首的姿势，属于犬中头部比例较大的品种，但是不能夸张到看上去头重脚轻，或者无法昂起头来。一副愁眉不展的神情，高贵、庄重、严肃、冷静、独立。

愁眉苦脸是由于额头的皮肤皱起一个疙瘩，而且正好在每只眼睛的内上角，形成皱眉；双眼间有明显皱纹，由口鼻延伸至前额；恰当的眼睛形状和位置，恰当的耳朵的形状、位置和竖耳；不能有过多的松弛皮肤；口鼻上不能出现皱纹。

(1) 眼睛：深褐色，深陷，双眼距离宽，眼斜，中等大小，杏仁状。恰到好处的眼睛位置和形状形成了松狮典型的东方外貌。眼圈黑色，眼睑既不能翻转也不能下垂，瞳孔清晰可见。睑内翻或睑外翻，瞳孔被松弛的皮肤完全或部分遮盖都属于严重缺陷。

(2) 耳朵：小，中等厚度，三角形，但是耳尖稍圆，竖耳，略微前倾。位于颅骨顶部，分得很开。运动中一只耳朵下垂是十分不可取的。

(3) 脑袋：从任何方向来看，颅骨顶部都十分宽阔平坦。被毛和松弛的皮肤不能代替应有的骨骼结构。从侧面看，口鼻的背线和颅骨基本平行。眉间的皱纹使结合处看起来比实际上突兀一些。和颅骨顶部相比，口鼻很短，但是不能少于头长的三分之一。口鼻宽，位于眼睛下方，宽度和深度一样。恰当的骨骼结构以及口鼻的衬托和垫子似的嘴唇构成了松狮方形的外表。口鼻的衬托作用不能过于夸张，影响方形头的形状。口闭合时，上唇要完全覆盖下唇，但是不能出现悬垂。

(4) 鼻子：大、宽、黑，鼻孔明显张开。

(5) 嘴和舌头：嘴唇的边缘为黑色，嘴的大部分组织是黑色，齿龈最好是黑色。嘴巴是蓝色最为理想。舌头的上表面和边缘是深蓝色，颜色越深越好。

舌头的上表面和边缘是红色或粉红色，或是有红色或粉红色的斑点都是失格。

(6) 牙齿：坚固有力，剪状咬合。

3. 松狮犬的颈部、背线、身躯标准

（1）颈部：强壮有力，饱满，肌肉发达，颈部呈优美的弧线拱，脖子的长度要足以使犬在立正时把头昂起于背线之上。

（2）背线：平直，强壮，从马肩隆到尾根保持水平。

（3）身躯：短，结实，肌肉发达，宽，深，腰部放松。背、腰和臀部必须短，以保持方形的体形。胸宽、深，肌肉发达，窄胸和平胸是不能接受的。肋骨闭合紧密，弧度优美，不能是桶状。前肋骨的弧度在较低的那一端变窄，使肩膀和前臂能够平滑的衔接，并紧挨着胸壁。胸基宽而深，向下延伸到肘尖。胸骨的尖部几乎在肩胛的正前方。腰部肌肉发达，强壮，短，宽而深。臀部短而宽，尾部和大腿肌肉强壮，与臀部齐平。尾根高，卷起紧贴背部，与脊椎相连。

呼吸沉重或异常（不包括正常的喘气），窄胸或平胸，则是严重缺陷。

4. 松狮犬的前躯标准

肩膀强壮，肌肉发达，肩胛骨的尖端闭合完全。肩线与水平线形成一个大约55度的角，与前臂形成大约110度的角，使得前腿伸展不充分。上臂不能比肩胛骨的长度短。肘关节在胸壁的侧面，肘部不能内翻或外翻。前腿从肘部到脚都是笔直的，骨骼粗壮，但是要与犬身体其他部分成比例。从前面看，前腿平行，分得很开，与宽阔的前胸相称。脚踝短而直，腰不能塌。可以去除狼趾。

足爪圆，紧凑，为标准猫爪，脚趾的肉垫很厚，站立很稳。

5. 松狮犬的后躯

后躯宽，强壮有力，臀部和大腿肌肉发达，骨骼粗大，前后骨架的分量差不多一样。从后面看，腿笔直，分得很开，与宽阔的盆骨相称。膝关节几乎没有角度，接合紧密，尖端正指向后方，关节的骨头匀称、明显。飞节放松，几乎是笔直的。飞节必须强壮，接合紧密结实，不能弯曲，或发生扭转。飞节和后跗骨位于髋关节下方的一条直线上。后跗骨短，与地面成直角。可去除上爪。足爪的标准如前。

膝关节和飞节不健全属于严重缺陷。

6. 松狮犬的被毛标准

有粗毛和短毛两种，都应有双层被毛。

（1）粗毛。如果是粗被毛，被毛丰富、浓密、平直，不突出，毛层紧贴身体。表面毛杂乱，底毛柔软，浓密，类似于羊毛。幼犬的被毛柔软，浓密，全身的毛都类似羊毛。被毛在头和脖子周围形成了一圈浓密的流苏般的鬃毛，衬托着松狮的头。公犬的被毛和流苏一般都比母犬长。尾部的毛为羽状。明显的修饰是不能接受的，可以修剪胡子、脚以及后跗骨部分被毛。

（2）短毛。除了外层被毛的数量和分布以外，短毛松狮的判定标准与粗毛松狮基本相同。短毛松狮有一身硬质、浓密，光滑的外层被毛，以及界限分明的内层被毛。腿上和尾巴上不能有明显的流苏状或羽毛状的毛 。

7. 松狮犬的颜色标准

松狮的被毛有净彩色、纯色，或流苏、尾巴和毛尖上带有轻微黑斑的纯色。

松狮有红色（淡金黄色至红褐色）、黑色、蓝色、肉桂色（浅黄色至深肉桂色）和奶油色这五种颜色。这些颜色的松狮都可以接受，它们的评判标准相同。

8. 松狮犬的步态标准

正确的步态是整齐、有力的。一定要矫健，直线行

走，灵敏，简洁，迅速，有力，不能显得笨拙。

由于后半身比较直，后腿的步法短而且不太自然。从侧面可以很容易看到这种独特的不自然的步法。后腿向上和向前运动，保持一条笔直的像钟摆一样的线路，臀部轻微反弹，腿既不过于向后伸，也不过于向前伸。后脚推力强劲，后腿最小角度的动作就能把力量以直线方式传给身体。为了以最高效率将这种力量传到身体前部，躯干必须短，而且中间部分不能有隆起。从后面看，从髋关节到肉趾的骨骼线条在运动时能保持一条直线。随着速度加快，后腿轻微向内倾斜。膝关节必须指向运动的方向，不能向外，形成弯腿。

从前面看，从肩关节到肉趾的骨骼线条在运动时能保持一条直线。随着步速加快，前腿运动不能完全保持平行，相反，会轻微向内倾斜。前腿的运动不能画半圆、走小碎步，以及出现拖沓的步法。身体前后部分必须保持动态平衡。

松狮的速度不够，但是耐力优秀，这有赖于笔直有力的后腿提供直接有效的力量。

9. 松狮犬的气质标准

非常聪明，个性独立以及与生俱来的高贵气质使松狮犬看上去不太亲近。

松狮犬天性保守，对陌生人有洞悉力，有攻击倾向和胆怯的表现是不能接受的。由于松狮犬的眼睛深陷，它的视力范围有限，最好在近距离内接近它。

10. 松狮犬标准总结

应根据缺陷与上述标准背离程度进行评判。评价松狮犬时，整体结构是基本考虑依据。任何特征过于夸张，导致身体无法保持平衡或稳定都属于严重的缺陷。

类别应包括一般外貌、性格、各部分的协调以及稳定性，尤其是在运动过程中。应对运动进行必要的强调，这是松狮犬构造、平衡和稳健的最终评测标准。

11. 松狮犬标准失格

(1) 耳朵失格。单只或两只垂耳。出现垂耳是指从耳朵底部到尖部的某一点出现断裂，或者是耳朵不能直立，而是与颅骨的顶部平行。

(2) 鼻子失格。鼻子出现斑点或明显不是黑色。蓝色松狮除外，它的鼻子可能是深蓝色或暗蓝灰色。

(3) 舌头失格。舌头的上表面或边缘为红色或粉红色，或有一个或多个红色或粉红色的点。

标准通过日期：1986年11月11日

标准修订日期：1990年8月21日

二、FCI (The Federation Cynologique Internationale世界养犬联合会)发布的松狮犬品种标准

松狮犬FCI标准　　No 205 / 09 06 1999 / GB
发源地：中国
犬种保护地：英国
标准生效日期：1987年6 月24日
松狮功用：护卫犬，伴侣犬
松狮FCI分类：FCI组别5　波美拉尼亚丝毛犬和原始犬型第5部分亚洲波美拉尼亚犬及相关犬种，无需工作考核。

松狮FCI标准缺点：任何违背以下标准的事实都是错误的表现，不同程度的错误有不同程度的惩罚。
松狮FCI标准注释：雄性松狮的两个睾丸必须完全滑入阴囊。

1. 外观概述

活跃、身材紧凑、短小，有和谐、高傲、威严的狮子样的外表；骨骼结合紧密；尾巴高举在背上。

2. 行为标准

安静，有很好的护卫能力；步态呈独特的踩高跷状；独立、高贵但孤僻冷漠。

3. 头部（头盖骨区域）标准

（1）头盖骨：平坦、宽阔，突出在眼睛之上。

（2）嘴吻部：不明显。

4. 面部标准

（1）鼻子:宽大，纯黑色（奶油色和近似白色的鼻子，蓝色和黄褐色的有和毛色相近的鼻子）。

（2）嘴吻部：中等长度，与眼部连接处宽，向鼻尖处渐细（这种渐细不是指和狐狸嘴形一样的渐细）。

（3）腮皮：腮皮和上腭都是黑色（黑蓝色），牙龈最好为黑色，舌头为紫蓝色。

（4）嘴、牙齿：牙齿强壮、水平，嘴的咬合肌有力，有着完美、正常和完全的剪状咬合，就是说上齿紧紧地交叉重叠在下齿上，一起构成了方形的嘴吻。

（5）眼睛：颜色深、椭圆形，中等大小，干净；相配的颜色可以从蓝色到黄褐色；没有睑内翻，眼睛的大小不影响评判结果。

（6）耳朵：小、厚，尖端稍圆，直立在头顶，分开距离远，稍有前倾和内倾的趋势。这一特征使松狮有了郁闷的表情，头顶松弛的皮肤也加强了这一表情。

（7）脖颈：短而强壮，而且稍呈弓形。

5. 身体标准

（1）背部：短、平、强壮。

（2）腹部：有力。

（3）胸部：宽、深，肋骨张开良好，非桶状。

（4）尾巴：尾根位置高，高举在背上。

6. 四肢标准

（1）前躯：前腿很直，中等长度，骨量好。

（2）肩：肌肉发达，有坡度。

（3）后躯：后腿强壮。

（4）跗关节：急速下降，角度微小，是踩高跷步伐的基本成因；不前伸。

（5）跗：从跗关节向下为笔直形状。

（6）足：小，圆，猫足，用脚趾站立。

（7）步态和行动：短促，呈踩高跷状，前腿和后腿平行、笔直移动。

7. 被毛标准

有平毛和粗毛之分。

（1）粗毛。毛量丰富、浓密，直且外展；外毛在结构上非常粗糙，有羊毛状柔软的底毛；颈毛特别长、密，形成围绕头颈的明显的围毛。

（2）平毛。毛短、多、密、直、外展，但在结构上没有刷子一样的外表；任何人工的修饰都会改变毛发的外观，且都是不准许的。

（3）颜色。单一的黑、红、蓝、浅黄褐色、奶油或白色，经常有毛色的渐变但不准许出现明显的色彩分块（尾毛和臀毛一般颜色较浅）。

8. 身高标准

（1）雄性：48 cm ～ 56 cm

（2）雌性：46 cm ～ 51 cm

三、英俄系松狮犬和美系松狮犬的区别

英俄系松狮犬俗称北狮，是指最初俄罗斯从英国引进培养的松狮犬。这种松狮犬体形粗大，头部更接近狐狸型犬，头毛较短，被毛直立，致密细腻，毛色纯正，以红色为最佳。俄系松狮犬整体感觉粗犷而野性，更接近原始形态。这一类松狮犬一般依照FCI制定的标准进行繁育。

美系松狮俗称南狮，是指美国、加拿大从英国引进并改良的松狮犬。它们体形较小，头大，嘴短，头毛、体毛较长，但毛色不太纯正。这一类松狮犬秉承了美国繁育犬种的一贯特色，向小型化、家庭化发展，刻意降低了它们性格上的野性，逐渐远离了松狮犬的原始状态。这一类松狮犬一般依照AKC制定的标准进行繁育。

目前，美国松狮犬研究会正着力于在不改变松狮犬基本外貌特征的前提下，对松狮进行小体形改良的研究。

Tips:

“飞节”是什么

飞节实际上就是狗后腿下部连接腿骨和腕骨的反关节，和膝盖作用相当，但是向后突出。这样的关节让狗的后腿能够向后弯曲，从而提供更强劲的爆发力，不论是跑还是跳，都更为出色。

狗的“二躯”

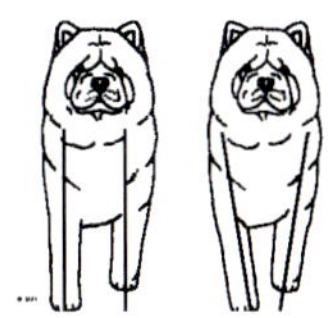

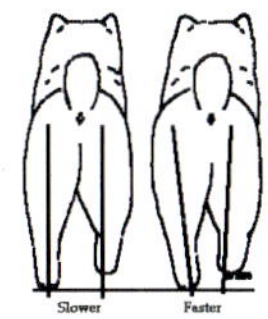

前躯——从狗的腰部往前，除头颈部，都算是前躯。一般以下的部位是品评血统品相时需要重点考察的：肩胛、上臂、肘部、掌部和足爪。

后躯——从狗的腰部往后，就都是后躯的范围。后躯包括这样几个重点部位：骨盆和臀部、大腿、膝关节、飞节、脚腕和足爪。

“狼爪”是什么

有些狗后腿脚爪上会单独长出的一个小指爪，位置大概在脚踝的后部，这就是“狼爪”。“狼爪”实际上是上古时代，狗的老祖宗用来爬树的装备。因为进化的关系，现代的狗早已经不需要爬树了，这一部分的功能退化已久，所以这唯一存留下来的“狼爪”也叫做残留趾，有时被看做个体退化的表现，可以借助简单的手术切除。

但是，在专业犬展范畴里，并不需要所有的狗都去除狼爪，因此有“必须切除”、“可以切除”和“不能切除”之分。

“马肩隆”是什么

马肩隆，原意就是马肩骨中间凸起的位置，对于狗来说，也是指相对应的前躯后背上肩骨中间凸起的位置。

狗的几种“咬合”

所谓“咬合”，就是指当狗合上嘴的时候，上下两排牙齿排列的形态。一般来说，狗的牙齿一共有以下几种咬合方式。

剪状咬合——当嘴闭上时，上前齿与下前齿交叠，上门牙的内表面刚好与下门牙的外表面接触。这是大多数狗牙齿的咬合方式。松狮犬也属于剪状咬合。

水平咬合——也叫做钳状咬合，是指前齿的上下齿齐平的咬合方式。这种咬合方式力量逊于剪状咬合，但是在很多犬种中（如藏獒、顺毛寻回猎犬等）也是可以接受的。

上颚突出式咬合——是指上前齿突出在下前齿外的咬合方式。

下颚突出式咬合——是指下前齿突出在上前齿外的咬合方式。对于大多数犬种来说，这两种咬合方式都是缺陷和失格条件。

第三章

养了狗，似乎就给自己的生活加上了一份责任和义务，不管你是单身还是幸福的小两口或是四世同堂，狗就好像成了你家中的一分子。所以你要照顾好它的饮食起居，更要关注它的疾病和健康。养狗绝不是给你解闷儿和开心用的，更重要的是你对它的爱和照顾，尤其是像松狮这样难伺候的中型犬，日常的护理和运动是必不可少的。

松狮犬的日常养护

一、带松狮犬去散步

1. 出门散步的好处

第一，外出散步既可以呼吸新鲜空气，又能使心情愉悦，而且有利于爱犬的身体健康，促进消化。

第二，让狗多接受一些外界陌生的人和事物，以避免在受外界刺激时产生强烈的恐惧感。

第三，外出散步时接受紫外线的照射，进行日光浴（但不是在日光下曝晒），可以满足动物维生素D的需求；同时维生素D还可促进小肠对钙的吸收，有利于骨骼等器官正常的健康发育。

任何事物都是有两面性的，狗外出散步也有不利的一面，面临着许多危机。狗外出接触很多事物，增加了与病原接触的机会，而且外界各种化学的、生物的、机械的刺激都有可能对爱犬产生不好的影响。但是绝不能因为这些而忽视了和爱犬外出散步，有些事是不能避免的，那么就要想办法解决。由此可见对爱犬外出散步的地点、时间、场所都要有一定的要求。

2. 出门散步的注意事项

（1）在狗达到一定年龄（一般四五个月），给狗注射了疫苗（可注射五联苗）后，最好还经常给爱犬做全面的身体检查，保证狗的健康。饮食行为正常时才能外出，只有这样才能确保爱犬具有一定的抵抗力和免疫力，抵御外界病原微生物的侵袭。

（2）应当选择天气晴朗、紫外线不是很强的、室内外温差不是特别大的傍晚和早晨，否则爱犬很容易患支气管炎、感冒等呼吸道疾病。外出时狗的饥饱要适当，以免造成狗的肠扭转、肠管破裂、套叠等内科疾病。

（3）外出时千万不要和病狗接触，如果主人不知道狗的健康状况，最好不要到狗多的场所去，以避免感染上一些传染病。因为有的狗病的病原可在外界媒介（病狗排泄物、土壤、污水等）中生存很长时间仍有传染力。

（4）散步回来后，应该适当地给爱犬饮水。如果看起来特别疲惫，应让它多休息，并且适当减少下一次散步的运动量。

（5）松狮犬天性独立、倔强，比较容易和其他狗发生冲突，一定要多加小心。

二、牵引绳的正确使用方法

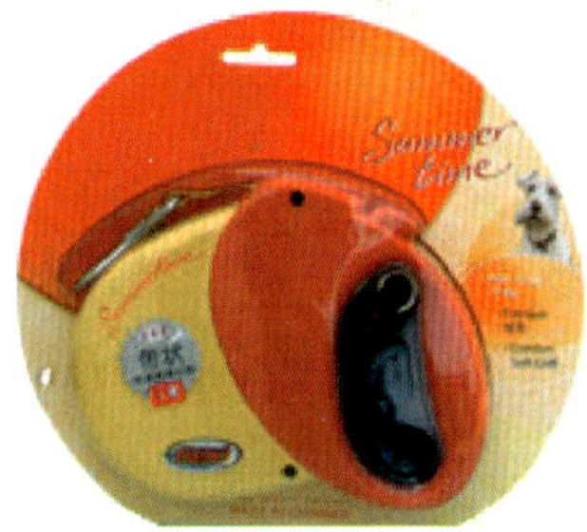

狗绳的正确牵法是成功地训练狗的关键。绳子的状态应是从狗的脖颈处稍微下垂，保持一定的松弛。主人要随时注意狗所处的位置是否正确，是否出现牵拉绳子的现象。例如，狗超过主人向前走或朝其他方向走时，在那一瞬间牵动绳子发出制止的信号，然后马上使绳子松弛下来。这一系列的动作是在极短的时间内完成的。在训练的过程中最容易犯的一个错误是，一心为了使狗处在正确的位置，经常是扯紧绳子，几乎没有放松过。这样，经常给狗的脖子上施加压力，到了要纠正狗的行为时，牵拉绳子已经没有意义了，狗已区分不出两者的区别。

另外，在训练或外出散步时，狗要处在主人的左侧，并同朝一个方向（不习惯左侧的话，也可以换在右侧），但不能无视主人的存在任意地拉着绳子径直向前跑。这样，主人对于狗来说毫无吸引力，根本不值得信赖。如有这种情况，训练就显得非常必要了。

方法如下：

首先，当狗拉着绳子朝某一方向走时，立即强行牵着它朝相反方向走，途中可以拐弯，也可以在同一条路上来回走，总之，就是人牵着狗走。

其次，当狗准备向前拉绳子的瞬间——注意观察狗准备拉绳子时的样子，当出现这种征兆时，猛地一下向后拉绳子，勒住狗的脖子。这一瞬间的力度和时机把握是非常重要的，突然地一用力给狗的脖子上施加压力，然后放松绳子。但必须注意，如果狗脖子上的绳子一直处在拉紧的状态，以上的训练方法就毫无效果了。如果狗能够顺从地跟随在你身边，可以用高兴的口气夸奖它"乖狗"、"好孩子"，或者给一点小零食。

请记住，正确牵绳方法是任何时候都是主人拖着狗走。平时，在家中要让狗放松自己。散步时，则要注意让绳子保持松弛状态。

松狮犬的被毛蓬松而茂盛，如果长时间使用一般的项圈和牵引绳，会磨损颈部被毛，极大损害它的形象。所以，这里推荐使用犬赛专用的牵引绳。这种牵引绳实际上就是一个设计合理、坚韧牢固的绳套，套在松狮脖颈处，既可以达到控制的目的，又可以最大限度地保护它的颈部毛发。

三、松狮犬毛发日常护理

1. 松狮犬的毛发特点

松狮犬是有着双层体毛的犬种，有两种类型的被毛：粗毛和短毛。这两种毛质都是双层被毛。

2. 毛质与毛量

至于松狮犬的毛质和毛量，血统与先天条件是主要的决定因素。仅仅依靠后天的努力，所达到的改变是很微小的，但日常的管理以及所在地区的气候都是要好好研究的。过于潮湿和闷热的天气会引发皮肤和毛囊的问题出现，过于干燥会产生大量的静电，使外毛容易折断，所以好的营养和适宜的温度与湿度控制是相当重要的。

给松狮犬定时梳理毛发是必须的，而所用工具以天然的棕毛梳最为适合，它可以最大限度地减少静电的产生。在梳毛的时候一样要从底部开始，一层一层地梳通梳透。这样的梳理大约一周两次就可以了。如果你的松狮犬的毛质较枯，就要选择一些可以"锁住"水分的用品了，也可以使用"护毛膏"等产品。

Tips:

钢丝梳不适合手法生疏的人使用，使用不当会对毛囊造成极大的伤害。

除了要按时梳理毛发，还要经常为它修剪脚底的毛发和趾甲。这样做首先可以防止它的脚掌变形、脚趾松散，其次还可以减少异味的产生。

四、帮松狮犬护理脚爪

狗的脚底和脚趾间都长满了毛。千万不要以为狗脚底

的毛可以增加触地时的摩擦力，利于行走。其实，恰恰相反，那些从脚趾缝隙长出的长毛，恰似一种固体润滑油，让狗跑起来的时候有局促感。长期下来，会导致它们的四肢变形，步法难看。更危险的是，容易滑倒跌伤，甚至会造成严重的伤害，尤其是在铺了光滑的地砖或是实木地板的地方，这种打滑现象更明显。而且，狗整天到处跑来跑去，很难说不会踩到水啊、泥啊什么的。如果趾缝中的毛弄湿了得不到及时清理，还有可能会被水分沤坏，导致一些皮肤病的发生。

Tips:

1.下剪时手要稳，必要的时候再找一个人帮助你握紧狗爪子，千万不要伤到它。

2.每次修剪的时间长度以狗的忍耐力为标准，如果发现它挣扎得很厉害，就先放过它吧。

3.剪刀一定要用圆头的，可以有效防止误伤狗。

4.如果有过受伤的经历，狗很可能会害怕别人动它的脚。这时候不要强迫它，以防狗急伤人。

5.实在搞不定或对自己没有信心，可以定期去宠物店或宠物医院去找专业人员来完成。

6.一般的狗大约2～3周需要修剪一次脚底毛。

要怎么样才能清除脚底毛呢？答案只有一个字——“剪”！可到底应该怎么剪呢？这其中学问可大了。

(1) 要培养它的耐心,从小就有意经常触碰狗的脚部，让它习以为常，不会对你的动作害怕或是厌恶。对于松狮犬这样比较有性格的狗来说，这一步尤为重要。从小训练它对各种日常养护动作的熟悉，不只是为日后的养护工作降低难度，更可以巩固主人在它心中的绝对权威，是一举多得的好事情。

(2) 早早向它展示剪刀，让它不认为那东西有多么可怕。

(3) 最好把它放在美容台上，桌子、洗衣机等高台也行，高处可以让它不能分心捣乱，乖乖被剪。

(4) 不要性急，对于不习惯剪脚底毛的狗，不要指望3分钟剪完。一次不要剪太长时间，可以分几天完成。

五、帮松狮犬剪趾甲

和狗接触多了，慢慢就会发现：握住狗爪子的底部时，它多半没什么反应；当你触摸爪子的上面，它可能会退缩；如果你掰扯狗的脚趾缝，它会非常明确地表达它想独处一会儿的愿望。这是因为狗有非常坚韧的脚垫，底部的组织很厚，但顶部和趾间则布满了神经末端，非常敏感，因此不喜欢被人摆弄。

平时，遇到这种情况，尽量不要碰它的脚。但是，剪趾甲的时候，你们却不得不直接面对这个棘手的问题。

剪趾甲时把狗放在较高的平台上，比如洗衣机的盖子上。滑溜溜的表面使狗不得不努力保持身体平衡，无法专心和你搏斗。

如果你的狗可以接纳生人，请经过训练的专业人员来做。陌生人的到来和环境的变化会使它无法揣测其目的，在困惑中，比较容易放弃自卫并接受管理。

在狗的幼年时期经常触摸它的爪子，使它尽快改变对爪子的保护意识。

平时就把剪子放在狗可以触及的地方，而不是在打算修剪那天才拿出来。让狗有机会接近这个神秘的家伙，逐渐结束对剪子的恐惧。

如果剪趾甲对你的狗来说实在是桩痛苦不堪的灾难，索性一周只剪一只爪子，而不是强迫它一次修剪四只。

松狮犬的性格倔强，一定要从小就让它接受剪趾甲的相关训练。

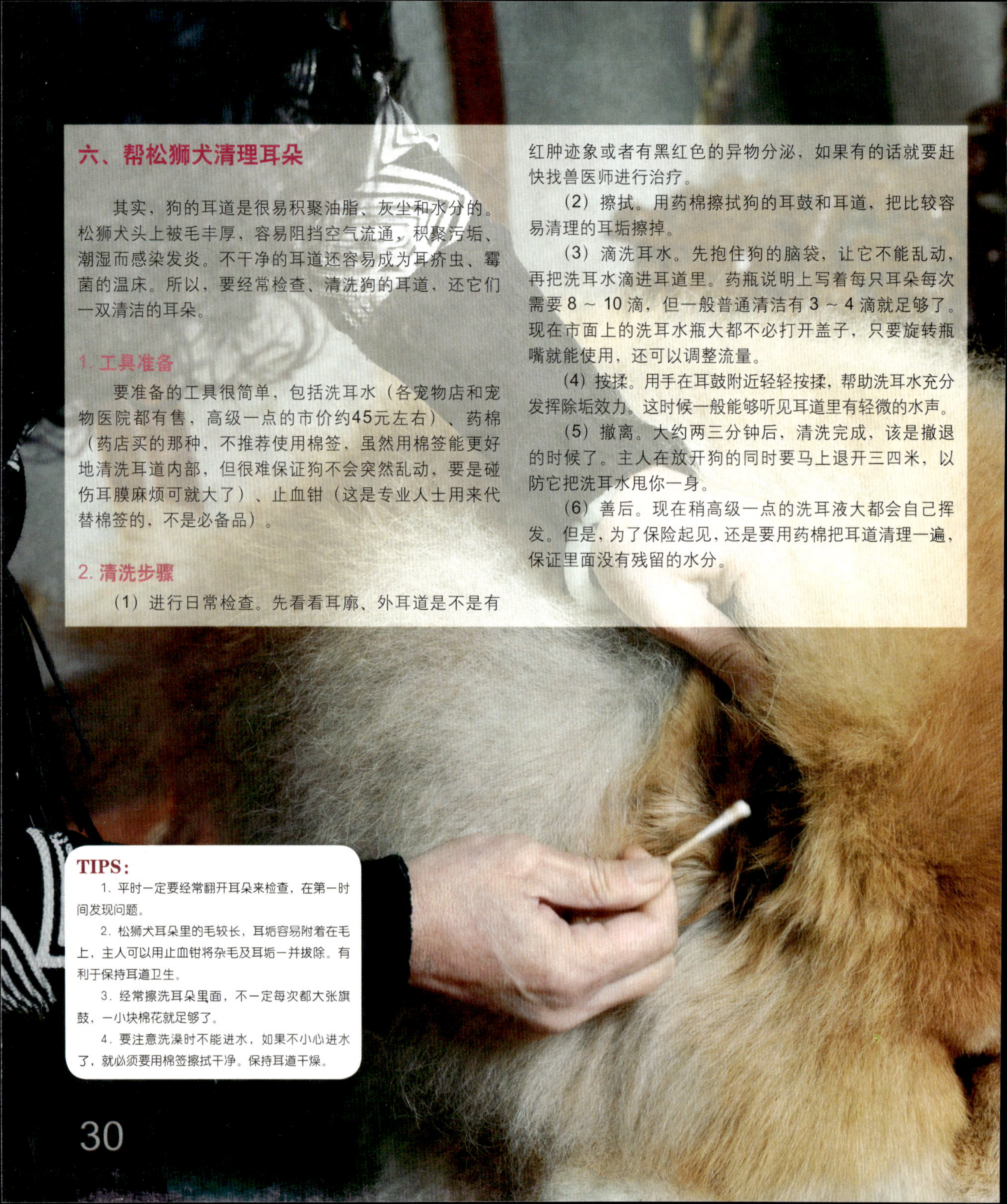

六、帮松狮犬清理耳朵

其实，狗的耳道是很易积聚油脂、灰尘和水分的。松狮犬头上被毛丰厚，容易阻挡空气流通，积聚污垢、潮湿而感染发炎。不干净的耳道还容易成为耳疥虫、霉菌的温床。所以，要经常检查、清洗狗的耳道，还它们一双清洁的耳朵。

1. 工具准备

要准备的工具很简单，包括洗耳水（各宠物店和宠物医院都有售，高级一点的市价约45元左右）、药棉（药店买的那种，不推荐使用棉签，虽然用棉签能更好地清洗耳道内部，但很难保证狗不会突然乱动，要是碰伤耳膜麻烦可就大了）、止血钳（这是专业人士用来代替棉签的，不是必备品）。

2. 清洗步骤

（1）进行日常检查。先看看耳廓、外耳道是不是有红肿迹象或者有黑红色的异物分泌，如果有的话就要赶快找兽医师进行治疗。

（2）擦拭。用药棉擦拭狗的耳鼓和耳道，把比较容易清理的耳垢擦掉。

（3）滴洗耳水。先抱住狗的脑袋，让它不能乱动，再把洗耳水滴进耳道里。药瓶说明上写着每只耳朵每次需要8～10滴，但一般普通清洁有3～4滴就足够了。现在市面上的洗耳水瓶大都不必打开盖子，只要旋转瓶嘴就能使用，还可以调整流量。

（4）按揉。用手在耳鼓附近轻轻按揉，帮助洗耳水充分发挥除垢效力。这时候一般能够听见耳道里有轻微的水声。

（5）撤离。大约两三分钟后，清洗完成，该是撤退的时候了。主人在放开狗的同时要马上退开三四米，以防它把洗耳水甩你一身。

（6）善后。现在稍高级一点的洗耳液大都会自己挥发。但是，为了保险起见，还是要用药棉把耳道清理一遍，保证里面没有残留的水分。

TIPS:

1. 平时一定要经常翻开耳朵来检查，在第一时间发现问题。
2. 松狮犬耳朵里的毛较长，耳垢容易附着在毛上，主人可以用止血钳将杂毛及耳垢一并拔除。有利于保持耳道卫生。
3. 经常擦洗耳朵里面，不一定每次都大张旗鼓，一小块棉花就足够了。
4. 要注意洗澡时不能进水，如果不小心进水了，就必须要用棉签擦拭干净。保持耳道干燥。

七、帮松狮犬清洁眼睛

眼睛是心灵之窗，不好好保养可不成，尤其是松狮犬，由于面部皱褶，眼睛会经常被毛发或其他脏东西骚扰，是比较容易出现问题的器官之一，一定要多加注意。

1. 每天都要做的事——清理眼垢

当小狗眼角附近积聚眼垢时，主人就需要替它清理眼睛了。具体做法是用湿的棉花球替它擦干净眼角周围，切勿用干棉花球擦，否则有可能会把棉絮粘在眼睛里面，影响眼睛的健康。

Tips：化妆棉和药棉

化妆棉和药棉都是高级的专用棉制品，一般不会出现乱掉棉絮的现象，是清理狗眼睛的好帮手。

2. 给狗滴眼药的手法

不管是患上眼疾还是日常的清洗，给狗滴眼药水的正确手法都是很重要的，你知道应该怎么做吗?

首先，清理眼角。

常见的眼疾都会导致流眼泪或有过多分泌物。如若置之不理，这些分泌物会弄脏狗毛。在滴眼药水之前，要先用湿棉花把眼角的污物小心抹去，注意别把棉花纤维弄到眼里。

接着，滴眼药。

用温水或兽医开的洗眼药水给狗洗眼。人用的滴眼剂如氯霉素眼药水等也可以使用。轻轻地将狗的眼睛撑开，为了不使它害怕，要从它的头后滴眼药水。滴后让药水在眼内多留一点时间。

3. 狗眼睛出问题的表现

狗的眼睛很重要，也很娇气，出现问题的时候，早一点知道也就为治疗多赢得了一点时间。什么样的状况表示狗眼睛出问题了呢?

症状	可能出现的问题	危险程度
流泪	正常情况下，狗的泪水不会被明显看到，或者流到眼睛外面来。如果狗有明显的流泪情况，就说明出问题了	低，需要进一步检查
眼睛分泌物过多	眼垢等分泌物过多，堆积在眼角，一般是狗眼睛出现炎症的表现。	低，需要进一步检查
眼睛变色	眼睛变色是典型的炎症和白内障的症状。直视你的狗，如果它的眼睛泛出红色或蓝色的反光，就说明一定是哪里出问题了	中，一定要尽快去医院检查
眼睛里有明显异物	如果在眼睛里发现了明显的异物，可是不得了的事情。眼睛里的异物有可能是毛发、麦粒肿等，甚至还可能会是寄生虫的虫卵，一定要慎重对待	高，除了灰尘、毛发等可以清洗掉的东西以外，出现其他任何异物都要尽快去医院检查
眼睛不能正常睁开，眯眼	不能正常睁开就表示一定有什么在刺激狗的眼睛，有可能是炎症，也有可能是沙子或者毛发掉了进去	高，不管是什么原因，出现这种情况都表示需要赶快去医院了

> **Tips:**
>
> 只要常常清理，就可让狗的口气清新自然。另外，若清理良久仍不见效，就要带去请兽医检查是否有牙结石或牙垢过多，需要洗牙。另外，在幼犬阶段应多注意钙质的摄取量。

八、帮松狮犬去除口臭

口臭一定是因为口腔和体内出现问题才会产生的，最常见的可能性就是牙结石。

1. 牙结石

牙结石主要是由食物残渣和细菌混合而成，也就是造成口臭及牙周病的元凶。牙结石一旦在狗的牙齿上形成便很难除去。所以，主人应当定期帮爱犬清洁牙齿，必要时甚至可以把它带到兽医处洗牙。

首先需要研究一下你的狗吃的是什么样的食物？是和人相同，还是专门的狗粮？如果它们吃的与人相同，那么食物残留在齿缝中的机会就比吃干狗粮来得大。偏偏狗又不会剔牙、刷牙，因此一旦食物卡在齿缝中腐败就会导致口臭，甚至会有蛀牙、牙周病。

另外，造成其口臭的原因，也可能是因为其肝肾功能开始病变所致。这种时候，狗的嘴里会发出一种略带尿骚的味道。如果有这种情况出现，提早去医院检查。

如果你想用最快速和简单的方式，让狗儿口气清新，那就非用除口臭喷剂不可了，一喷见效。问题是见效快，失效也快，治标不治本。

2. 预防

最好的预防方式是尽量不要让它吃人吃的食物，干狗粮可以比较有效地刮除粘在牙齿上的食物残渣，从而起到清洁的目的。

另外需要做的就是定期的检查和洁牙工作。每隔半年去一次宠物医院，让大夫给狗清洗牙齿并不是一件非常麻烦的事情。

九、帮松狮犬刷牙

给狗清理牙齿其实很重要，各种各样的口腔疾病不止会伤害牙齿，严重了甚至会影响到其他的身体机能，所以，一定要在平常多加小心，注意护理。

不怕费事，只求宠物能和自己一样，通过正确的刷牙方式确保口腔卫生，可以选择牙膏、牙刷和指套的保健组合。这类产品价格会略高些，牙膏成分中还有含氟或酵素等不同选择。

家里有现成牙刷可利用，若需买专用牙膏的主人，不妨选择有肉味的牙膏，可以让狗对刷牙的抗拒心理减至最低。

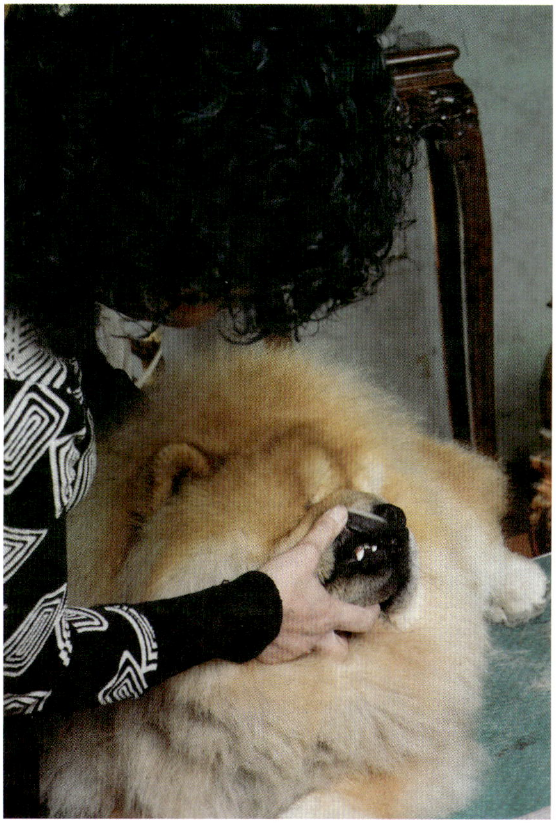

鉴于松狮犬的独特性格，给它刷牙就变成了一项非常有挑战性的任务，如果不是从小就进行过口腔护理的相关训练，贸然把手伸进一只松狮犬嘴里是很危险的。所以，不知道如何下手，又想要替狗清洁口腔的主人，也有“放狗吃草”的偷懒方式。有一种以薄荷和很多种材料制成的口气清新嚼片，不用很多钱，就能让狗儿在咀嚼过程中，去掉口中不良气味。唯一的问题是仅适合大型狗使用。

洁牙骨能将去牙垢、预防牙周病、除口臭结合于一身，而且也有很多口味的选择，如牛奶、薄荷、花生等，不管什么口味，都能够有效清洁口腔，预防口腔疾病。

如果你不愿意让狗养成吃零嘴的习惯，可以考虑造型特殊的橡皮洁牙骨，让它在啃玩间，达到洁牙目的。

十、帮松狮犬洗澡

松狮的皮肤很薄，只有3～5层(人类的皮肤有13～14层)，而且没有汗腺，如果天天洗澡，就会破坏皮肤表层的油脂，使皮肤的保护力降低，容易受到外界细菌的侵蚀，建议两周洗一次澡，并用宠物专用浴液。

1. 平均一两周洗澡一次

洗澡的目的在于保护皮肤干净，保持身体健康。不同毛长的犬种，清洗的方法也各不相同。一般来说，狗不需要像人类一样天天洗澡，可以根据它的运动量、居住环境的卫生状况、狗的体质和毛的长短来决定它的洗澡次数。如果说最佳时间的话，应该是平均一两周一次就好了。

2. 使用专用的沐浴液

不要给狗用人用的沐浴液，因为人的皮肤是酸性的，而大部分沐浴液都是碱性的，狗的皮肤是中性的，使用碱性沐浴液会刺激它们的皮肤，诱发皮肤病。

市面上有各种爱犬专用的沐浴液，是专门根据犬的特性研制的，不过选择时也要特别注意，应根据自己爱犬的体质、毛质选择适合的沐浴液。另外，也要避免选用含香料太多的沐浴液。

3. 洗澡前的准备工作

洗澡前要把爱犬的毛全部梳开，无论是长毛还是短毛，在洗澡之前，一定要把毛全部梳开，梳不开的毛球洗的时候在水中梳开，实在无法梳开可以用剪刀从根部剪掉。将毛梳开是充分清洁的重要步骤。

另外就是事先要备妥所有的必需品，从洗澡到最后的烘干，都不要离开爱犬。所以洗澡前一定要备妥所有的必需品，才能随用随取，避免离开爱犬时出现意外。

4. 正确的洗澡顺序

（1）充分淋湿打沐浴液

正确的洗澡顺序对爱犬来说是一种享受，对主人来说也会轻松完成。首先把爱犬全身用莲蓬头的水打湿，注意水流不要太猛，水温也不要太热。特别注意的是不要让狗鼻子进水，尤其是扁鼻子的犬种，像北京狗、西施犬等，鼻子进水会很不舒服，甚至呼吸困难，导致爱犬以后不爱洗澡。淋水时，让它把头稍微低下，用手挡住鼻子防止进水，眼睛和耳朵也要注意。淋湿后打沐浴液之前最好先挤出积于肛门腺的分泌物，分泌物有难闻的味道，用力挤时还会喷出去，所以要注意姿势,不要弄得到处都是；其次，把备妥的沐浴液倒在它的身上，用手轻轻充分搓洗，包括耳孔的每个部位都要搓到。

（2）彻底冲干净

冲洗的工作十分重要，绝不可让沐浴液残留在爱犬身上。冲洗可由头的后方，冲下较弱的水流，然后顺势冲到尾部，必要时多冲几遍。最后别忘了帮狗冲洗一下眼睛，以免受沐浴液刺激流泪不止。

（3）尽快烘干体毛

给爱犬洗完澡后不要让它自然干，要用工具从毛根到毛尾，彻底烘干。你可以顺着体毛的流动方向先用毛巾彻底擦干水分，再用吹风机烘干，记住狗可不喜欢太高的温度。如果事先训练它养成躺下来的习惯，就容易多了，这样就会擦得更均匀，它也会更舒服。

如果遛完狗后嫌小狗身上太脏，可以用热的湿毛巾擦干净小狗的嘴角下方、下腹部、屁股、爪及尾巴。

十一、松狮犬的专业美容产品

来自美国德克萨斯的国际知名宠物品牌达可达，拥有针对多品种犬只的美容养护用品及比赛专业美容用品。本次我们专门为大家介绍几款该公司专门为松狮犬所推出的专用美容及比赛产品，此产品对专业护理松狮犬有极大的帮助，若想了解该品牌其他针对松狮犬的美容用品，登陆http://www.docgashow.com能了解到更详细的使用方法。

1. 黑色增亮洗毛精（容量：12oz）

黑色和蓝色被毛，选用黑色增亮洗毛精。

2. 棕色增亮洗毛精（容量：12oz）

原产于中国的松狮犬，有五种颜色红色、黑色、蓝色、黄褐色和奶油色。

保养这种拥有特别毛色的犬种，首先可以选用专为保持鲜亮而设计的增色洗发精。

因为添加了特殊天然植物成分和珍珠因子，可在洗净之外，增加毛色浓亮度。

红色、黄褐色和奶油色被毛，选用棕色增亮洗毛精。

3. 双层毛质洗毛精（容量：12oz）

还请注意，松狮犬是标准双层毛质的狗种，如想使被毛达到丰厚又蓬松的完美效果，每次给它们使用增色效果洗毛精后，可额外或单独使用专为双层毛质设计的洗发精。

它不但可洗掉污垢，还可在吹干后增加底毛滋润度，令被毛更丰厚饱满。

5. 深层活肤护毛霜（容量：16oz）

4. 脚掌防滑喷剂（容量：8oz）

为了让狗狗在赛场表现的步伐更轻快有力，建议上场前5分钟为狗狗的脚掌喷上“脚掌防滑喷剂”，这是能让狗狗的步伐显得更轻快的绝佳窍门，效果非常明显。因为喷后约3分钟，脚掌表面马上有黏滞感，狗狗行进时脚掌与地毯间摩擦力增加，无形中令它安心迈步，如此一来，您的秀狗自然就有了更大、更漂亮的步伐了。

如果家中的地板较滑，此品同样适用哦！让你和你的爱犬尽情玩耍“不溜冰”。

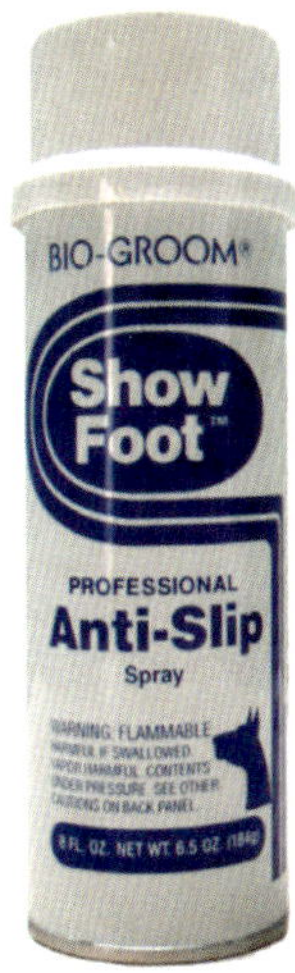

6. 丝蛋白润毛精（容量：12oz）

洗干净后，把深层活肤护毛霜和丝蛋白润毛精用热水在稀释瓶中混合均匀，然后一层一层把毛梳开，喷到毛根深处，待全身喷匀之后约5分钟，用清水冲干净，擦干、吹干即可。约7～10天彻底护养一次，则底毛将有厚实感，全身被毛将显得更有扎实的厚重感。

十二、松狮犬的抱法

1. 大狗的抱法

在试图把狗抱起前，需要轻柔地对它说话，让它放心。如果你对它的性情捉摸不定，应先给它戴上口套。然后一只手搂着狗胸部和前肢，另一只手搂着它的臀部。接着，蹲下并将狗儿拥到胸前。把狗儿搂稳，抱起来。紧张不安的狗可能需要其他人帮助抑制它，轻轻地捉住它的头并对它讲话。狗从幼年时起就应习惯由人抱住，而不应该挣脱。如果发现狗开始惊慌，就把它放下，过一段时间再尝试。

2. 幼犬的抱法

平静地抚慰幼犬，并将一只手放在它的前肢和胸下面，另一只手则抓住后肢和臀部。这有助你牢牢地控制住它，使它不会局促不安。用一只手护着幼犬的胸部，另一只手放在它的臀下，把狗抱起。这个抱法可以防止它从手中跳走。

3. 向狗靠近的方法

向你不太熟悉的狗靠近时要小心，动作要慢。先朝脸的水平面伸出手，让它蹲下嗅手。手切忌从上往下按，因为这是一种威胁手势。如果狗看起来很友好又没有明显的害怕和攻击人的迹象，你就可以抚摸它。但是不要拍它的头，因为这是一种支配手势，有一些支配欲比较强的狗会抗拒这种爱抚。

十三、松狮犬的夏日养护

夏季空气潮湿，气候炎热，对于汗腺分布很少、怕热不怕冷的松狮犬来说，是个需要细心照顾的季节。预防中暑、寄生虫和食物中毒，就是夏季养护的关键。

1. 致命的暴晒和闷热

避免爱犬在烈日下散步，只在比较凉爽的时间段外出，遛狗时间长时应带上清洁的饮水。不要把狗单独留在车里，更不要把它们关在暴晒的地方。长时间曝晒不仅会使狗中暑，还会严重伤害它们的眼睛。

2. 中暑怎么办?

如果发现狗呼吸困难、体温升高、心跳加速等，赶快转移到阴凉通风处，清理它嘴里的唾液以利于呼吸，用湿毛巾冷敷头部、背部不断加湿，立即送到医院抢救。需要提醒的是，不可在中暑后把它放进冰水里降温，那样只能适得其反。

3. 防止食物中毒

夏季的食物容易发酵、变质，引起食物中毒，严重的可导致死亡。因此，狗的食物应以不易变质的专用狗粮为主。如要加其他食品，就该适量地准备，避免过剩，千万不要给它们吃生食。已发酵变质的食物要及时倒掉，彻底清洗食具。若发现狗狗有呕吐、腹泻、全身衰弱等症状时，应迅速请兽医诊疗。

4. 警惕寄生虫

狗的生活环境要保持清洁、干燥和通风，经常为它们梳理毛发，用含有杀虫成分的浴液定期给它们洗澡，不去脏乱的树丛和草地，严格地与患病动物隔离，有院子的家庭要注意定期喷洒对小动物安全的杀虫剂，并及时拔除杂草，夏天还可以带上犬专用的防虫项圈，或滴上专业药剂来预防。

目前有很多动物专用药物，可在短时间内杀灭所有体外寄生虫，并可在数月内杜绝再次传染，但用法和用量以及对幼年动物是否安全等问题，一定要到可靠的动物医院咨询专业兽医。

5. 清凉也要适度

家里太热的时候要开空调或风扇，但吹空调的时间不宜太久，通畅的自然风最为理想。要随时保证狗能喝到清洁的凉开水。有的主人习惯在夏天喂它们冷饮，其实狗胃里的温度比人还高，一下吃太多冷饮反而会刺激肠胃，偶尔舔几口冰棍是可以的，但不能太多。

6. 保洁防潮，预防皮肤病

要勤换、勤晒狗窝里的垫子，彻底晾干后方可使用。狗在雨天散步时应穿雨衣，被淋湿后，要及时清理、擦干，并注意吹干底层的绒毛。要经常检查它们的耳朵和被毛，不要让它长时间呆在肮脏、潮湿的地方，防止湿疹等皮肤病的发生。

7. 维护卫生，遵守公德

天热了，人们休息得比较晚，出来散步的时间也多了，所以夏天遛狗时一定要小心牵好自己的爱犬。夏季蚊蝇多，传播细菌和寄生虫的机会也多了起来。因此养有伴侣动物的人们，一定要更仔细地清理它们的粪便，给自己和邻居一个清洁安全的环境。

十四、照料老年松狮犬

虽然狗狗总能保持年轻的心态，实际上在它们出生6年后就开始步入老年期，这时，细心的主人就要多加注意了，从衣食住行做起，让它安度晚年。

1. 狗开始衰老的表现

（1）皮肤变得干燥、松弛、缺乏弹力，易患皮肤病，脱毛增多，被毛稀疏；

（2）毛发颜色发生变化，从前漂亮的颜色慢慢变得灰黄，甚至有白毛出现；

（3）牙齿发黄，硬度变低；

（4）消化能力下降；

（5）听力和视力也明显下降。

2. 注意保温

对于日渐衰老的老年松狮犬来说，温暖对它尤其重要。只要气温骤降，特别是在寒冷的冬季和夜间，老年犬会非常敏感，甚至冻得全身战栗。这种情况下出门散步的时候，需要给它穿上保暖的外套，并且缩短散步时间，尽量不要让他受到寒风苦雨的侵袭，假如天气确实恶劣，干脆取消散步，让它留在温暖的室内好了。

3. 老年松狮犬的饮食

步入老年的狗狗由于消化能力下降，嗅觉也变得迟钝，会比较挑食，这种情况下，主人在配制狗粮时应注意美味与营养并举，千万不能因为它的挑食，给年老的它倚老卖老的机会。

摄取丰富的营养，特别是蛋白质和钙，是十分必要的，可以在他们的菜谱中适当增加一些肉类、鱼类、蛋类、蔬菜等，并注意维生素A和钙的补充。在食物中不宜加较多的盐分、脂肪和骨头类的成分。喂食方法上，可以采取少量多餐制，减轻老年松狮犬的肠胃负担、保证营养充分吸收。当然还不要忘记，让它随时能喝到清洁的饮水。

定期请兽医为老年松狮犬体检，也是不可或缺的。兽医会对老年犬的饮食提出合理建议，根据狗的身体情况，制定更合理的饲养方式。

4. 老年犬的居住环境

步入老年的狗变得喜静，不喜动。每天的睡眠时间会明显增加，这就需要主人为它准备一个温暖舒适的狗床。不需要太大，只要能够让它们侧身舒展四肢躺下就好。但是一定要厚厚软软的，表面质地也以棉布为佳。冬季可以将犬窝放在暖气旁边，或者在犬窝内放置暖水袋。

5. 老年犬的运动

进入老年期的狗，适量的运动有助于血液循环，能使其关节灵活。而且狗变老后，有可能不能有效控制膀胱和肛门，因此要经常地带它进行少量散步，为它们提供排泄的机会，避免其在室内排泄，但绝对不能强迫它

Tips:

1. 狗床需要经常换洗，保证狗总是能够睡到干燥又洁净的床。

2. 如果主人能够容忍的话，可以让爱犬自己选择睡觉的地方：沙发甚至是主人大床的一角。

3. 每月洗一次澡，时间尽量短，洗后必须尽快吹干。

Tips:

1. 衣物最好选择纯棉质地的，以减少静电产生。

2. 回家后马上帮狗脱掉衣服，减少温差的影响。

Tips：

1.散步时间不要过长。

2.老年松狮犬视觉、听觉等都会减退，容易迷路。外出时，让自己随时处于爱犬的视线之内。

3.如果下雨，回家后应将其彻底擦干。

4.如果地上有冰、盐或沙粒，应将它的爪子清洗干净并擦干，以避免过敏而引起疼痛和感染。

Tips：

1.可以为它选择老年配方狗粮，方便而且还能保证营养充足、均衡。

2.注意狗的体重，在必要的情况时减少饲喂量，以保持其体重正常。

3.不好的牙齿会加重营养吸收不良，并且让狗口腔抗菌性下降，使细菌轻易入侵，需要为狗定期刷牙，或者给予洁牙食品和线绳玩具。

4.老年松狮犬经常会发生便秘，当它三四天没有大便时，应送动物医院检查，同时适当增加蔬菜的摄入。

进行超负荷运动。

由于骨骼钙质减少，老年松狮犬容易发生骨折，要让它多晒太阳。还有老年松狮犬容易疲劳，它们与老年人一样会肌肉疼痛。这种情况可以征求医生意见，使用药物改善。

6. 老年松狮犬容易发生的疾病

老年犬最容易发生的疾病有乳腺癌、子宫蓄脓、齿槽脓渥、肺炎、支气管炎、气喘、心脏病、神经痛、白内障、膀胱炎、膀胱结石、前列腺肥大、肾炎、胃扭转、湿疹、骨折和肝炎等。在体检中要重点监测上述疾病的发生，以便及时治疗。

十五、松狮犬如何减肥

简单来说，减肥最重要的关键，是注意摄取量和消耗量。能让消耗量和摄取量达到均衡，或甚至摄取量小于消耗量，都能达到减肥的目的。

减肥方法一

喂食“减肥饲料”，降低热量摄取。人类减肥的方法就是减少饮食，或只吃蔬菜水果，但这种压抑的减肥方法无法在狗身上施行，因为对狗来说，“吃”是一种天性，人虽可以藉由意志力来控制饮食习惯，但狗却不能用减少食物分量来达到减肥的目的。如果不能按照正常食量进食，狗就会产生饥饿感，它无法靠自己压制饥饿感，想吃的欲望会愈来愈强烈，逼得它不断四处搜寻，寻找任何可以吃的食物，什么都不放过，结果情况更糟！所以，狗减肥时，最重要的就是不能改变食物分量，但是可以喂食减肥处方。减肥饲料的颗粒大小与一般饲料没什么差别，但是这些饲料中的纤维素增加了，让狗有饱足的感觉，但热量却没有那么高，所以，藉由减肥饲料，可以维持狗的食量，却降低它的热量，达到让狗减肥的目的。此外，千万不要觉得它可怜，因而心慈手软，又给予过多的零食点心，造成热量吸收不减反增的情况。

减肥方法二

固定运动，提高热量消耗。为了让狗顺利减重，我们应该提高它的热量消耗量，每天固定给予狗规律的运动时间，才能达到让它减肥的效果。对小型犬来说，在身体状况稳定的情况下，每天早晚，应该固定一次30~40分钟的散步运动，这样能够提高热量消耗，并且藉由运动增加体力。

减肥方法三

从环境到心理，让狗没有机会发胖。避免肥胖，除了正确的饮食和固定运动外，还要注意狗身处的环境、心理因素，免得你虽然严格执行减肥计划，它却还是有办法找到可乘之机，痛快大吃，完全不受控制！如果你养的狗有两只以上，在喂食的时候，一定要仔细地分辨出来，看食物是由同一只狗吃掉了，还是大家一起分食。因为同时饲养多只狗时，一定有一只狗是比较健壮、担任“头犬”的角色，这只狗在吃东西的时候，很可能会欺负别的狗，抢食、多吃，所以在喂食时，要注意有没有类似“食霸”的出现。

减肥方法四

固定喂食，让狗免除没饭吃的恐惧！如果喂食不固定，狗会在能吃的时候猛吃，常常会有想要多吃一点、再多吃一点的欲望，以防没有下一餐。所以你在喂食的时候，应该养成习惯，定时定量地喂食它，让它不觉得恐慌，只要心理上有安全感，知道自己可以放心，时间一到自然还有下一餐，不需要为没有饭吃而恐惧，它就不会一次急着吃得太多。除了定时喂食，让狗能够放心之外，当狗在心理不安定或情绪不稳定的时候，也常常会出现“暴食”的状况，所以平时在照顾狗时，要多加留意它的外在情况和反应。

减肥方法五

请家庭兽医师协助。有必要帮狗减肥时，应该询问你的家庭兽医师，仔细计算爱犬每日应摄取的热量，严格执行减肥计划，持之以恒，狗的肥胖就能够受到控制了。

第四章

生老病死是人之常情，感冒发烧，头疼脑热更是季节变换之常见，眼见着居住小区附近的药店一个个开起来，感受着各大医院排号的拥挤，再到宠物看病的高消费。不由得令人高呼——得不起病啊！不过毕竟人食五谷杂粮、狗吃妙鲜包加狗粮，病是一定会得的，就看你怎么预防和早发现了！

疾病预防和日常保健

一、如何判断松狮犬身体不适

为了保持狗的健康，养狗人需要有基本的养狗知识，懂得什么样的狗是健康狗。健康狗对周围环境变化反应灵敏，精神良好，爱活动，无怪脾气或异常行为，容易驯服，跟人合作，食欲良好。

健康体态应是站立时呈自然均衡曲线，四肢挺立，无畸形。前胸宽阔，腹呈收缩状，身上肌肉丰满（特别是臀部、背部肌肉），坚实有力。

鼻端稍凉，口、鼻、眼、肛门、阴茎鞘口或外阴部无分泌物，会阴周围毛干净。口唇、口腔和舌黏膜无溃疡、分泌物。牙齿坚固、洁白、无齿垢或齿龈溃疡，眼巩膜无黄染。四肢关节活动自如，无肿胀和压痛，不搔、不咬体躯、头颈或四肢等，皮肤紧贴体壁有弹性。与此同时，要多注意观察狗的日常生活情况，发现异常，及时请兽医诊治。

1. 以下几点是必须经常注意的

（1）食欲

狗对日常喜欢吃的食物或气味很好的食物不感兴趣，食量减少或完全拒绝采食，这就是异常。

（2）呕吐

狗和猫一样是比较容易呕吐的肉食动物。稍微吃的不合适，就可能发生呕吐。这也不一定是病。如果发生持续性呕吐，就应予以重视。

（3）腹泻

狗发生腹泻是有病的表现，尤其是接二连三的腹泻，应该采取措施。特别是没有注射过犬瘟热疫苗的狗，更应尽快请兽医诊治。

（4）喷嚏或流泪

喷嚏或流泪是感冒或流行性感冒的主要表现，若能及时就医，疗效较好。

（5）鼻端干湿情况

正常狗的鼻端发黑湿润，以致过度流鼻水，可能是感冒；如果鼻端干而粗糙就是发热的表现。

(6) 饮水障碍

狗见到饮水盆往往主动走近想喝水，但是欲饮不能或进入口腔的水又滴出，这十有八九是咽喉部有病，如咽炎等。患狂犬病的狗，口极渴，由于咽部麻痹不能饮水，有时见水可引起狂癫。

(7) 摇头、抓耳

这是耳病的特有症状，如果耳朵内肮脏又臭，可能有寄生虫，耳尖上有皮屑的可能有疥癣虫。

(8) 流涎

口腔内有（如口炎、舌炎、口黏膜溃疡及牙齿疾病等）流涎是牲性症状，同时还可以闻到口臭。狂犬病兴奋期满口流涎。

(9) 频频排尿或排粪

狗频频做出便溺的动作，却排不出大小便，或仅见痕迹性粪尿。尿频狗可能是膀胱或尿道有问题，便频者可能是肠道有问题，应及时带狗到兽医院就医。

(10) 抓挠皮肤

如果狗表现神志不安，频频抓挠自身的皮肤和被毛，说明狗身上有跳蚤、虱子寄生，或感染疥癣、真菌性皮肤病、湿疹或伪狂犬病。此时，狗身上被毛稀薄，可能还有秃毛斑。

(11) 牙床的颜色

颜色越红者越健康，白色是贫血，也可能是肠道内寄生虫或便血（细小病毒病或钩虫病）。

(12) 活跃度

健康狗多数跑跑跳跳，和其他狗在一起玩耍。如果独自睡觉，多是身体欠佳。

总之，当狗出现上述种种表现或其他反常情况，经过较长时间仍不见好转的，应及时到兽医院诊治，千万不可犹豫，拖延时间。

二、松狮犬的饮食健康

像人一样，犬也需要摄入适量的蛋白质、脂肪、糖类、13种维生素、20种矿物质。这些养分的摄入量不仅要适宜，而且，它们之间的比例搭配也要合适，只有这样才能保证营养齐全，饮食均衡。

如果自己做饭给狗吃，一定要了解它特定的营养需求、不同食物的营养价值、犬的饮食习惯，还应了解食物制作、贮藏的方法。对食物不同的处理方法对其营养成分的含量会有影响。这一切需要大量的时间、精力及专业知识。

相比之下，狗粮营养全面、使用方便、易于保存。很多老人心疼小狗，觉得那狗粮干巴巴的，没啥滋味。其实，在国外盛行多年的狗粮是为狗精心设计的，能保证它们拥有健康的毛皮、骨骼和牙齿。很多大型超市里，狗粮的价格并不比每天做饭的成本高，既营养，又简单。您还可以根据包装袋上公布的联系办法，找到它们的代理商，寻求更省钱的方式。

当然，和所有商品一样，狗粮也分三六九等，同样是一分钱一分货。如果你选择市面上最低档的狗粮，就要额外给小狗补充宠物或儿童用钙片，并每天喂它1粒鱼肝油补充维生素。有人喜欢给小狗啃骨头、喝骨头汤，其实这是不能补钙的。

狗和馋嘴的孩子一样，它贪吃的食物不一定对它有益，做主人的千万不可溺爱迁就。要尽快改变陈旧的、不科学的喂养观念和习惯，一旦它因营养失衡影响健康，您的钱就要大把地花在动物医院里了。那样一来，花钱受罪不说，还不一定能治好呢。

以下九种食物是人类的美味，却对狗的健康存在威胁，应不喂或者少喂

食物种类	危险程度	危险原因
巧克力 	可致命	巧克力中的可可碱会使动物输送至脑部的血流量减少，可能会造成心脏病和其他有致命威胁的问题。纯度愈高的巧克力所含的可可碱含量愈高，对狗的危险性也愈大。
洋葱和大葱 	危险	生或熟的洋葱、大葱含有二硫化物，它对人体无害，却会造成猫、狗、羊、马、牛的红血球氧化，可能引发溶血性贫血。
生或熟的肝脏 	危险	少量的肝脏对狗不错，但过量却可能引起问题。因为肝含有大量维生素A，会引起维生素A中毒。一周3个鸡肝（或对应量的其他动物肝脏）左右的量，就会引发骨骼问题。
骨头 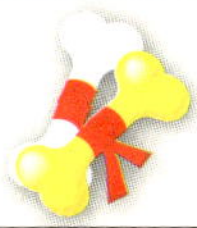	危险	会碎裂的骨头，如鸡骨，可能会刺入狗的喉咙，或割伤狗的嘴、食道、胃或肠。如要喂骨头，应用压力锅煮烂，骨髓是极佳的钙、磷、铜来源，啃大骨有助于清除牙垢。
生鸡蛋 	危险	生蛋白含有一种叫卵白素的蛋白质，它会耗尽狗体内的维生素H。维生素H是狗生长及促进毛皮健康不可或缺的营养，此外生鸡蛋通常也含有病菌。煮熟的蛋则非常适合它。
生肉及家禽肉 	危险～致命	狗的免疫系统无法适应人工饲养的家禽及肉类。最常见的沙门氏菌及芽胞杆菌对狗非常危险。
猪肉 	不建议喂食	猪肉内的脂肪球比其他肉类大，可能阻塞狗的微血管，应尽量避免喂食猪肉制品。
牛奶 	不建议	很多狗有乳糖不适症，如果狗喝了牛奶后出现放屁、腹泻、脱水或皮肤发炎等，应停止喂牛奶。
菌类 	危险～致命	常见的食用香菇、蘑菇等对狗是无害的。但还是避免让狗食用，以免养成吃蘑菇的习惯，在野外误食有毒菇类。

三、松狮犬的遗传疾病

1. 髋关节形成不良症(CHD)

（1）何谓犬髋关节形成不良症

是一种渐进的退化性疾病，发生在髋关节生长的时候。虽然髋关节在出生的时候绝大部分是正常的，但是受遗传基因及后天的因素之影响，经由髋关节的松弛和不稳定而造成髋关节的骨病变。

髋关节形成不良症本身是一种遗传发育性的病症，只要带有这样的基因，就一定会发生这样的疾病。在发病的过程中如果能配合成长的控制及正确的饲养方法，可以有效减缓发作的时间及严重程度，反之则会快速的恶化。

最初在买狗时应具备一些养狗知识，因为没有认证的制度，购买时最好能尽量找繁殖较负责任的繁殖场。狗，特别是松狮犬，在三四个月大的时候就应该要做筛检，了解它的关节的状况，这是髋关节疾病诊断的黄金时期，及早发现可以用有效、正确的方法控制病情的恶化。否则在六七个月大的时候，会出现更严重的迹象。

即使是一只外表健康的狗，只要有遗传性髋关节形成不良症的基因，就会因为不良的管理，如过度的运动、体重过重、食量过多等诱导并发髋关节的问题。而且髋关节严重病变会引起疼痛，再加上狗的耐痛力是人的好几倍，当已经痛到不乐意行走的时候，它的关节结构已完全变形及脱臼，如果换成是人的话早就已经痛到难以忍受了。

(2) 髋关节疾病的临床症状

髋关节疾病是最常见的关节疾病之一，常见于大型的犬只，通常两侧的关节都会受到影响。

关节在成长时，已经呈现不稳定的状态，导致关节稳定度降低。骨头跟肌肉成长的速度无法配合，因关节的松动，骨关节窝变得比较浅，加上松动的关节会不断地摩擦，如果两岁之前、还在发育的过程中，没有适当的保健措施，会造成摩擦更严重，变成急性的关节炎或脱臼问题。

当发现到家中的狗后腿走路跛跛的，不敢用力跳时，就该注意了。由于髋关节不稳定，所以走起路来，会一跛一跛的左右摇摆得很厉害，后腿因不太能

使力的关系，肌肉也会逐渐萎缩。另外，骨盘会倾斜，并可导致续发性的脊椎侧弯。在幼犬时期，髋部是不会疼痛的，因为有软骨的保护，蹲、站均无困难。但因为长期受力不正常，在四五个月左右就可能有‘酸’的感觉，而且也容易疲劳，当然更不可能像正常狗一样地跑、跳了。不过也有许多罹患轻微髋关节形成不良的犬只并没有明显的疼痛或跛行的症状。

髋关节如果发生严重病变，将会使狗的髋部感觉疼痛及僵硬，以致行动不便，无法应付日常生活起居，甚至是导致后腿肌肉萎缩。

此症多与遗传有关，通常三到十二个月大幼犬的临床症状有跛脚、脚抬起困难和活动性减少等；成犬常见有退化性关节炎的症状，包括脚抬起的时候会疼痛、运动前后疼痛、走路摇摇摆摆和一跳一跳的步伐等。

（3）髋关节疾病的诱发因素

①遗传基因　④不良管理

②运动过度　⑤肥胖

③钙补给过剩或时机不当

⑥老年退化

（4）饲养方式很重要

松狮犬在三四个月到一岁期间，体重会增加为二到三倍，如果它的关节已不稳定，再加上不能有效控制体重，而且这时候的狗正是青少年期，对很多事情很好奇，非常好动且活动量相当大，使得骨头摩擦的情况变得相当严重，因此体重变成了一个很大的负担，造成关节的持续磨损，尤其是当软骨磨损完之后，硬骨的摩擦就会造成疼痛。

走动的时候，必须要上链子，控制它的行走，避免它过度的运动及别让狗任意与其他的狗滚在一起、跑，跳，加上体重的控制，以及关节保护药品的搭配，当三个主要的因素具备时，就可以有效减缓关节磨损，避免硬骨间的磨损。第一个最可能会发病的时间是三到七个月大，如果没有良好的管理，会出现跛脚的状况，因为疼痛造成坐下、躺下及起身困难，持续的摩擦会导致在骨头的四周开始长出赘骨，也就是有的骨头会长出像骨刺的硬骨，当狗在成年之后，可能因为赘骨摩擦导致二次的退行性关节炎，状况更严重。

（5）正确的饲养观念

幼犬小于两岁不能做过度的运动，而且要控制它的成长速度，尽量让它长得慢些。

体重控制在适当的范围，在正常体重再减轻10%～20%的重量，但在无法定义正常体重时，通常会以能摸到肋骨为原则。

如果已经发现有问题，就要开始补充保护关节的药品（如葡萄醣胺、软骨素）来保护关节。

Tips：额外提醒

1. 绝对不能够将已患有髋关节疾病的狗任意抛弃。

2. 建议将不适合繁殖的狗进行绝育手术。不要让已患有髋关节疾病的母狗怀孕，也不要用已患有髋关节疾病的公狗配种。

2. 犬倒睫

犬倒睫症实际上就是眼角太过松弛，以至于睫毛向里而不是向外生长。算不上是病，但可以称之为遗传缺陷。一般看不见眼睛的狗都容易有这种问题，尤其是松狮犬这种三角（杏仁）眼型，脸部松弛的肉褶很有可能

会挤压眼皮，导致倒睫。

(1) 倒睫的危害

视情况轻重不同，轻度倒睫很有可能只会导致一点点眼部的不适，但如果情况很严重，又没有及时治疗的话，甚至有可能会导致失明。

(2) 倒睫的治疗

一般性倒睫：这个是倒睫最开始时的状态。用肉眼就可以观察出，这时狗的眼皮稍向内翻，上睫毛下垂，而下睫毛则上扬。这时，因为睫毛已经开始刺激眼球，狗可能会有些不适的反应，比如时常流泪，眼蛋白分泌物（眼屎）增多，情况严重的狗眼球甚至会变成蓝色或者红色——这是睫膜炎的表现。

出现这些症状时，就一定要带它去宠物医院了。当倒睫情况还不严重时，甚至不用手术，只是用一些药膏或者拔掉几根睫毛就能够解决问题。

当倒睫情况严重时——这一般是因为倒睫情况已经出现很长时间，而主人没有给予足够的重视，不洁净的睫毛一方面会不断刺激、划伤眼球，另一方面也会不断地造成感染发炎，直到最终双目失明。

倒睫严重到一定程度时，一定要立刻送到宠物医院治疗。医生会判断情况，作出是否需要手术的诊断。犬倒睫手术其实和人治疗倒睫的手术很相像，割一个双眼皮，就能让本来逆长的睫毛重新翻向外面。

四、松狮犬发烧的信号

狗和人一样，身体不舒服了不一定发烧；但如果发烧了，就一定说明它身体不舒服。发烧可不是小事，一定要提高警惕。越早发现狗身体状况的异常，就能够越早就医，狗也就会少受很多痛苦。

无精打采、气喘吁吁，就可能是发烧了。

狗的正常体温在38.5度左右，比人的体温要高，仅仅靠身体触摸，很难判断它是不是在发烧。因此，要通过以下几个方面来初步了解狗的身体状况：

①舌头的颜色比平时红
②尿量减少
③粪便颜色变深
④呼吸急促
⑤没有精神
⑥专门趴在凉快的地方
⑦鼻头变干
⑧耳热（狗耳应是全身最凉的地方，如果耳朵都热了，就说明是发烧了）

1. 发烧的原因

发烧的原因非常多，外伤和病毒感染都有可能导致狗发烧。如果发烧同时伴有下面的症状，就有可能是以下疾病。

症状	诊断	危险度
流鼻水而且打喷嚏	病毒性感冒和细菌性感冒	一般。但要注意治疗
饮食不正常 粪便和平时不同	消化道疾病	一般。通常是慢性病，但要注意治疗
尿色异常 经常体力弱	心脏病、肾脏病	高。虽然通常也是慢性病，但一定要及早去医院进行检查
可能吃过异物 呕吐	食物中毒、误食药物引起的中毒	非常高。紧急情况！立刻去医院！一定要记得带上误食的东西
有明显外伤	外伤	高。如果是严重外伤，一定要立刻去医院
天气闷热	中暑	非常高。立刻进行紧急降温处理
有严重口沫，而且站不稳	脑部疾病	非常高。立刻去医院进行检查

2. 狗体温的测量方法

（1）不要在排便前或运动后测量。

（2）将体温计插入肛门3厘米～5厘米。

（3）测量时间为3～5分钟。在体温计顶端涂抹凡士林或者橄榄油会比较容易插入。

Tips：狗狗的体温标准

小型犬 38.6℃～39.2℃

大型犬 37.5℃～38.6℃

个别犬种正常体温会略有不同（小型犬会比大型犬稍低，幼犬亦比成犬低），但一般在40℃以上和36℃以下就要留意了。

五、松狮犬常见皮肤病的防治

其实，最常见的皮肤病总不外这几大元凶——真菌、蜱、虱还有螨虫。

1. 常见的几种皮肤病

真菌性皮肤病，又叫做癣，是由真菌感染皮肤、毛发、爪子后引起的皮肤病。这种病比较顽固，容易久治不愈，用药后时好时坏，还会引起脱毛。而且长期感染后，容易感染螨虫，会严重影响到狗的外观和健康。

虱、蚤等寄生虫叮咬皮肤引起的过敏。它们都是寄生在狗身上的小吸血鬼，在你“宝贝”的身上“白吃白住”不说，还容易引发很多其他的皮肤疾病。

螨虫感染的皮肤病。狗螨虫的发病部位一般在耳朵、面部及四肢的关节部位。螨虫的症状特点是痒，这时狗会把皮肤抓破，出现化脓和感染的情况。

2. 及早发现

不管什么情况，早发现早治疗总不会有错，要想在第一时间发现狗是不是得了皮肤病，用心观察最重要。

（1）皮肤病一般都会很痒,所以,如果狗抓起痒来没完没了就要首先亮警报了。

（2）其次，看看身上有没有脱毛的地方。如果是真菌感染，皮肤上会出现斑点、结痂和大量皮屑等症状，比较容易发现。

（3）极端的情况下，狗还会因为身上又痛又痒而茶饭不思，这个时候就算最迟钝的人也该会有所警觉了。

3. 提前防预

（1）大约 30% ~ 50% 的皮肤病是由于虱、蚤叮咬皮肤，再感染真菌引起的。所以，要想消除引起皮肤病的病原，首先就要清洁身体，除掉虱、蚤等体外寄生虫。

（2）搞好环境卫生很重要。

（3）预防真菌要保持狗身体清洁、干燥。

（4）真菌容易在潮湿的地方生长，所以洗澡后要及时吹干毛发。

（5）保持全面的营养，不能光吃肉。

（6）洗澡要用宠物专用香波，最好有抗寄生虫功能的；澡不能洗得太勤。

（7）最简单的方法是买一剂“福莱恩”（frontline）滴剂给狗涂上，这种药非常好，几乎可以在三个月内完全防止狗染上寄生虫。

4. 着手治疗

不管是什么类型的皮肤病，我们都推荐首先到兽医院进行检查，把情况搞清楚，至少自己也会安心。

5. 螨虫的治疗

通常螨虫的治疗用伊微菌素和通灭，这两种药效果很好，而且毒性含量低。

注意：不是所有的狗都可以用这两种药来医治，比如苏格兰牧羊犬就不能用通灭，喜乐蒂也不能用，它们对这两种药很敏感！

人使用的新肤螨灵霜也能杀死螨虫，也可以用在狗身上。但是，还是建议使用专门给宠物用的药物进行治疗。

6. 真菌的治疗

真菌不难治疗，但有时候会很顽固，容易重复发作。一般的时候，医生会推荐“皮康”和“癣净”两种药物进行治疗。一天两次喷涂在起红点、掉毛的皮肤处，同时要保持它周围皮毛的干燥。

注意：上药时，不仅要在患处涂抹，还要在周围多涂一些，才能有效防止扩散哦。

这一类皮炎的恢复至少要一个月时间。

7. 蜱、虱的治疗

首先就是除虫了，好好地洗几个痛快澡是必不可少的。先要把狗的全身都浸进水里，只留头在外面。这时候，它身上的小寄生虫会争先恐后地逃到狗的头上。接下来就要人工清除了，配合使用宠物专用的杀寄生虫浴液，事半功倍。接着，还要着手清除它所有日用品里的寄生虫，除了使用杀虫剂外，不要太小气，该烧的就彻底烧了吧。

Tips:

外用药的使用方法：滴剂一般滴在背部颈椎的部位；使用喷剂时，要先把毛分开，直接喷在皮肤上，让毛细血管充分吸收药剂。

六、松狮犬中暑的症状与急救

由于本身体质的原因，松狮犬比较容易中暑，因中暑死亡的事件在国内外都经常发生。

狗是很不耐热的动物，因为狗不会出汗，也不会因为热而停止活动；狗的身体不能自我调节温度，狗也不会自己照顾自己及时补水；狗的汗腺全在舌头上，所以看到狗吐出舌头喘气说明狗很热，需要喝水降温或静下来停止活动。

狗正常的体温应该在37.8℃～39℃，体温达到40.65℃时内脏器官开始受损，体温达到41℃以上时就属于高度危险了。在高热的环境或者是高湿闷热气候下，最快20分钟就有可能使狗的身体系统衰竭而导致死亡，所以中暑是夏季或其他闷热天气对松狮健康的最大威胁。

中暑症状表现为：张着嘴大喘气，喘气时肺部伴有杂音，嘴上出现唾沫，走路时身体摇摆失去平衡，虚弱，意识模糊，最后是倒地死亡。

当狗出现中暑症状后，主人应该马上先采取自救，而不是一味地等待兽医。最重要的是要尽快使狗的体温降下来，方法是用凉水（不能用冰水，冰水会使皮肤的循环速度降低，从而延长降温的时间）冲淋到狗的身体上，也可以把狗放到冷水浴盆里降温。然后应该以最快速度把狗送到兽医诊所。狗在这种情况下一般不会自己喝水，所以要送到宠物医院采取点滴和其他方式迅速补充水分和其他药物进行治疗。

七、松狮犬咳嗽的问题

“伤风感冒，小毛病随它去吧。” 如果这样认为，那就大错特错了。

狗咳嗽的原因有很多种，虽然一般来说没有什么大碍，但如果处理不当，就有可能会使一些本来可以提早治愈的疾病加重，甚至会危及爱犬的生命。

疾病引发的咳嗽有可能会是犬瘟热。这是可怕的传染病，死亡率高达30%～80%！犬瘟热主要危害没有进行过疫苗接种的幼犬，这种病在寒冷季节(10月至转年4月间)容易发生， 特别多见于犬类比较集聚的地区。如果小狗在咳嗽之外还有发烧、呕吐、痢疾等症状的话，不要犹豫，立刻送它去医院，及时的治疗能够大大增加它的生存几率。

预防手段：定期进行预防接种。这个非常重要。小狗从6周起就应该开始接种疫苗，对犬瘟热有很好的预防作用。犬瘟热是恶性传染病，如果知道哪里有得病的狗，就尽量不要让自己的小狗与患犬接触。同时减少与外界的接触，当有该病流行时，不要带小狗去公共场所，如宠物医院和犬场。

及时发现病狗，早期隔离治疗，预防继续感染，这是提高治愈率的关

键。也可以提前对松狮犬进行药物预防，当小狗与病狗有过接触或参加公共场所的活动时，可以口服一些药物进行预防，如四环素、头孢等。

如果你的松狮得了病且去过医院，要用3%的烧碱(氢氧化钠)溶液或10%的福尔马林对家中进行严格的消毒，以免再次接触传染。

1. 犬窝咳

这是犬类传染性极强的传染病，常常被一些人误认为是犬瘟热。最明显的症状是病狗出现猛烈的咳嗽，有时候咳嗽严重得好像在吐一样，主人也往往误认为是狗的嗓子里卡住什么东西。主人可以用手轻轻按压狗的喉咙，如果立刻传来一阵咳嗽声，那就要小心了。这种病主要会在狗比较集中的地方发作。只要及时就医，一般都可以治愈。还有要注意的就是，要将病狗与其他狗隔离。

如果你的爱犬已经感染了犬窝咳，这里有几种方法能让它快一点恢复健康：

（1）干净的空气

对于患有呼吸道疾病的小狗来说，维持空气清洁是首要工作。要远离香烟、壁炉或者其他的化学喷剂，以免刺激呼吸道。

（2）提高湿度

干燥的空气会刺激气管，所以使用空气加湿器提高室内湿度是个不错的办法。

（3）止咳药

这个不能随便使用，有些人类的止咳糖浆可以给狗服用，但有些止咳糖浆却会让狗中毒。所以，一定要听医生的话，不能乱吃药。

（4）温和的运动

适度的运动能保持呼吸道畅通，不过激烈的运动却会造成相反效果。

2. 心丝虫病

被蚊子叮咬而感染的一种寄生虫。这种寄生虫到达肺动脉时会引起肺炎或支气管炎而发生咳嗽。如果你的小狗咳嗽的同时还有耐力降低、食欲不佳的状况，就要去宠物医院检查一下了。这种病虽然发生几率并不特别高，但也会导致死亡，所以要认真对待。

3. 支气管炎

最常见的就是因感冒引发支气管炎，俗称着凉，不很严重。一般来说，狗除了干咳以外，精神、胃口、体温大致都正常的话，就很有可能是支气管炎。症状不严重的加强营养，就会慢慢好转；症状严重的情况下，去动物医院，兽医也可以轻松应付。

4. 气喘

老年的狗狗经常会得的气喘病也会导致咳嗽。气喘性的咳嗽往往发生在运动后，或吃了敏感的食物以及早晚空气寒冷时激烈发作。这种咳嗽虽然爆发时非常激烈，但不会持续很长时间。除非狗狗同时患有心脏病，否则这种咳嗽也没有什么危险。

5. 空气污染

狗的呼吸系统远比人敏感，所以，在空气很不好的地方咳嗽是很正常的事情。

6. 非疾病引发的咳嗽

（1）哽住喉咙

喉咙被骨头或者其他异物哽住的时候，小狗为了将异物吐出而不停地咳嗽。这时候，狗的动作首先是伸直脖子猛咳、气喘，并且摇着头用前爪抓嘴巴。动作很明显，可以比较容易地判断出来。一般来说，狗能够自行将哽住的异物吐出，如果长时间没有好转，还有窒息的现象出现，就要赶快帮它一把了。掰开嘴，如果能看到异物的话，用手指抠出。如果看不到的话，就要立刻去宠物医院，千万耽误不得！

（2）压迫喉咙

项圈或者牵犬绳勒得太紧也会引发咳嗽。

八、佝偻病和骨软病

本病是由于维生素D和钙的缺乏或食物中钙、磷比例的失调，而引起的骨组织发育不良（幼犬）或骨质软化（成犬）的疾病。幼犬发生叫做佝偻病，成年犬发生叫做骨软病。

佝偻病和骨软病是松狮犬的易发疾病，一定要多加注意，提早预防。

1. 症状

（1）1 ~ 3 月龄幼犬发病后，主要表现为关节肿胀，前肢关节变形、疼痛，四肢变形，呈 X 或 O 形腿，肋骨与肋软骨连接处肿大呈串球状。

（2）成年犬骨质疏松变脆，容易骨折，站立困难，体质虚弱，容易疲劳，有时会出现抽搐和产后癫痫等症状。

（3）骨软病常发生于怀孕、分娩犬。

2. 治疗与预防

（1）主要以预防为主，只要平时多注意饮食营养平衡，补充维生素 D 制剂。

（2）给犬晒日光浴，经常带犬到户外活动。

（3）饲料中添加鱼肝油 5 ~ 10 毫克 / 天。

（4）幼犬补充钙片 1 ~ 2 片 / 天，2 次 / 天，口服鱼肝油 1 粒 / 天。怀孕犬和哺乳犬补充钙片 8 ~ 10 片 / 天，鱼肝油 4 粒 / 天，2 次 / 天。

3. 情况严重时

（1）幼犬可以肌肉注射维丁胶性钙，每两天一次，一次一支。

（2）成年犬可以静脉注射葡萄糖酸钙 1 ~ 5 克 / 天。

第五章

想不想让你的松狮犬成为比赛场的焦点？想不想让它也像模特一样在赛场上走走秀？下面的文字会教给你，如何让你家的松狮犬能在比赛的地毯上，也能走出那如王者般的气质！

如何培养赛级松狮犬

一、什么是赛级犬

从字面上的意思来说，“Show Dog”就是任何符合或者接近标准的赛级犬，能在形态测试中获得AKC或者其他的冠军头衔。不管怎么样，除非犬赢得了几场值得关注的比赛，仅仅是进入赛场参加比赛，并不意味着这只犬的实力和品质。

一只能够代表这个犬种的优秀个体和一只参加比赛的强有力的竞争个体是有细微差别的。不管这只犬以前有没有参加过比赛，关键在于它是否真的有这样的品质去赢。评价一只赛犬是否有这样的潜力需要你对这个犬种有全方位的认识，包括这个犬种的标准和你对标准的充分理解。尽管如此，一个类似专家的人对犬种标准也会给出一个完全任意或者随意的见解。对于犬只的理解和确认只有通过平时的努力、勤奋、诚实，才能合理地赢得胜利。

二、怎样得到一只赛级松狮犬

一个未来的参赛者，将面对许许多多的问题，这些问题可以在专家那里得到解答。赛场并不是唯一可以学习的地方。 对于新手来讲，一些看似精通的老手的话听起来像个大师，其实所有的知识都是一点点积累起来的。一个古老的圣贤说过一句话：“如果没有一个人真正懂得其中的含义，那么即使亿万个人的意见都是毫无价值的！”一个出色的评委对于一些犬种也会有他个人的爱好或者说偏见，这种偏见可能或多或少会左右他的评判。除了这些，一个能够代表这个犬种标准的优秀个体是和流行的样式无关的。换一句话说，标准就是标准，标准和人们内心流行的犬种样式无关。在过去，由于地域等原因，美国国内东西方的交流不是很融洽。而如今大量的现代化交通工具使得东西方的文化互相融合，犬种的不同样式得到了统一。

首先新手们可能还没有意识到，得到AKC的注册只

是成为一只赛犬众多因素的一小部分。需要搞清楚的是AKC只是一个提供纯种犬注册的机构，但AKC并不保证犬只的质量，同样也不保证犬只是否符合这个犬种的标准。AKC提供全美160多种纯种犬的注册和登记，国际上认可至少350个犬种，而全世界大约有500个犬种。

在1994年1月发表的AKC官方公报上，机构的负责人提到："AKC从来不出售幼犬，以后也不会。AKC只是一个注册机构，这个机构并不保证犬只的质量。"

三、犬种标准

如果想要在犬展取得成功，犬只必须要符合这一犬种的官方标准。所有犬种裁定的依据是建立在它们的标准上的。由俱乐部（例如美国杜宾犬俱乐部，在它下面有很多地方的分部）起草标准，通过AKC或者其他注册机构的认可。即使如此，评审都是非常主观的。在确切的标准参数内，犬种标准对于个体细节的说明具有丰富的含义。通常，对于完美的定义和理解具有不同的解释。

某一个确定的犬种标准描述了一个理想的而现实中却并不存在的完美个体。标准会因为不同的观点、审美、判断或意见在适当的时候进行修改，但不是所有的犬种标准都经过修正的。

大多数犬种，公犬如果没有两个正常掉入阴囊的睾丸，或是单睾丸，都将被取消参赛的资格。在犬上场比赛前，你必须对它的全身做一次彻底的检查。

四、我的狗是一只赛级犬吗

对一些经验丰富的繁殖者来说，评价一只能在将来的比赛中取得优异成绩的幼犬是一件相对容易的事情。而对大多数人而言，并不具备这样丰富的经验和知识，一只具备参赛潜力的好狗就会从他们的手指缝中溜掉。

要确定一只幼犬是否具有参赛潜力是经验和知识的积累，是对你判断力的考验。一个有经验的繁殖者对自己犬只血统的了解要远远多于对其他犬只血统的了解。在这方面他们很少会犯错误，而大部分繁殖者不具备这样的能力。他们的目光狭窄，只看到或只愿意看到他们想看到的东西。

裁判可以造就一只赛级犬，也可以毁掉一只赛级犬。一只具有相当知名度的赛级犬会具有某些优势，这些有时也许会让它在赛场上很难被其他犬只击败，这种现象在比赛中是非常普遍的。如果一只名声显赫的冠军犬被一只没有任何知名度的犬击败，这种现象也没什么可奇怪的，这也属于游戏的一部分。有时候赛级犬的定义也不是那么轮廓分明的，如果你不经历或参与，就什么也不可能知道。

总体来讲，裁判可分为单犬种专家、多犬种专家和全犬种专家。在组别中，有些犬种要比其他犬种更有吸引力，更有人气。这就是说有些裁判会倾向于那些流行的、更具有吸引力的犬种（消极的裁判）。一个经验丰富的全犬种裁判则会全面整体地考虑一只犬的综合素质，他们丰富的学识使他们不会受到犬只流行度的影响。一些新晋的裁判太理想化了，成熟的裁判会更现实一些，就像一个老手说过的话："我对于那些参加比赛的犬只质量是不负任何责任的，我的工作就是把它们中最好的一只挑出来，然后回家。"总有一些裁判会有一些独特的癖好，这些怪癖会使参赛的选手的生活变得更有意思。现今一个具有自己鲜明个性的裁判已经很难在赛场上找到了。

有记录显示，大多数赛级犬的祖辈都有几个冠军犬的血统。这好像是一个简单的等式：品质继承与品质，样式继承与样式。这就是DNA。一只狗如果继承了劣等的基因，它整体的品质可能不会使它成为一只冠军犬。那么它可以生下优秀的冠军子女吗？它会成为一只优秀的赛级犬吗？Margaret Migliorini 曾经有一只冠军大麦丁犬，在它的血统证书里面查不到冠军登录的祖辈。但是这样的例子毕竟是少数，也证明不了任何问题。要想获得成功有一个有效的办法，从一开始就有一只好狗。那如何做到呢？你可以找那些有信誉的，也可以找那些名字刊登在杂志上的繁殖者。从他们那里多挖掘一些有用的建议或知识，并谦虚谨慎地提高自身能力。

在大多数情况下，带领一只未成熟的幼犬参加高级别的比赛，只能是浪费更多的金钱。一只未成熟的幼犬是很难完成冠军登录的。有判断力的繁殖者会有足够的耐心等它成熟，一只经常输掉比赛的幼犬就会变成一只经常赢得比赛的成犬。

五、冠军是如何登录的

要成为AKC的冠军登录犬，首先在AKC举办的比赛中要积累15分的积分。积分要由3个以上的裁判给予。常规的15分又必须包括2个主分，2个主分必须要由2个不同的裁判给予。

什么是主分？主分包括3分，4分，5分（1分，2分是小分）。是否能得主分，是由参赛犬只的数量和你的犬只获得的成绩决定的。你可以查询比赛目录或登陆AKC的网站查询各地区对不同犬只在参赛数量上的规定。

理论上讲，犬只在它这一级别胜出会得到3分，组别胜出会得到4分，拿到全场冠军会得到5分。在同一场比赛中，如果不断地胜出，这样的积分是不能被积累的。赢了级别，又赢了组别，最后赢了全场，你最多也只能得到5分。一场比赛犬只能拿到最高分数不超过5分。

六、BOB和BOV

BOB（Best of Breed）是指最佳犬种奖，BOV（Best of Variety）是指在单一品种里有颜色或不同毛质的变化，如可卡就分成黑色、花色和除黑色以外的纯色，这三种颜色分别比出3个BOV，最后3个BOV再比出一个BOB。

冠军犬的积分是由电脑根据当天比赛犬只的数量统计的，而不是根据入场目录上的犬只数量统计的，因为有些犬只可能报了名，而当天却因为别的原因不能参加比赛。缺席的犬只是不被记录在数量之内的。

有些时候会有一只或几只参赛犬因为各种各样的原因被取消参赛资格。如果优胜公犬（WD）或优胜母犬（WB）被取消了比赛成绩，后备优胜公犬或后备优胜母犬就自动晋升为 WD 或 WB，并获取应有的积分。

犬只获得了15分的积分，并被AKC核实后，会刊登在AKC的公报上。以上这些都完成后，犬主才会收到AKC颁发的冠军登陆证书。

如前面所提及的，犬只所能获得的分数取决于获得的成绩和不同的地区（不同的地区对参赛犬的数量的要求是不同的，加利福尼亚和阿拉斯加对参赛犬数量的要求会有很大的不同）当天参赛犬只的数量。全美12个区域包括波多黎各，每年都要对自己地区的不同品种犬只的参赛数量进行核对和复查。每一次比赛分数的计算都会印在该犬展的目录上。

七、赛级犬的训练

在对幼犬进行训练以前，首先要确定幼犬是否接种疫苗。外面这个未知世界潜伏着各种各样的危险，幼犬的身体还十分虚弱，为幼犬打预防针是十分必要的。

1. 牵引绳训练

如果你的方法正确，牵引绳训练会变得轻车熟路。一个新手常常会犯的错误就是对自己都有一种盲目的自信，相信自己有足够的能力和技巧来控制幼犬，并能用牵引绳把它们轻易地带走而不会引起幼犬的任何反抗。这样的想法是非常可笑的，他们显然不懂任何犬心理学。牵引绳训练应该从它们熟悉的环境开始，能让它们把自然的环境和熟悉的人联系起来，不至于让幼犬产生紧张感从而产生抵触情绪。从家里开始牵引绳的训练要比在外面的训练效果更好。

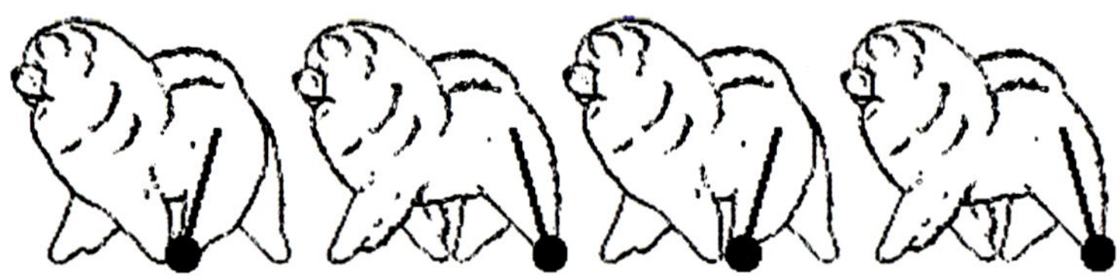

2. 装备

皮质或尼龙牵引绳，这根牵引绳要和项圈（注意项圈不是不锈钢的，而是皮质或尼龙的，英语叫Slip Collar）系在一起。这种牵引绳对于幼犬或者上了年纪的犬来说是最安全，也是最人道和最有效的。

项圈的最终目的不是要让狗感到窒息而服从，项圈可以非常有效地控制它们。如果要防止它们挣扎，用一些普通的锁扣项圈就可以。项圈收紧的压力会导致犬的脖子自然弯曲，如果手法得当是不会导致幼犬受伤的。

如果在一条人流拥挤的路上，幼犬感到紧张并试图挣脱项圈，用一条普通的项圈就十分危险，幼犬可能会挣脱项圈，冲向马路。事实上幼犬要挣脱这种项圈（Slip Collar）几乎是不可能的，这种项圈在动力的作用下只会越缩越紧。有一些传统的项圈会对幼犬的脖子造成伤害，因为这些项圈的接头通常是不锈钢的，并且接头比较大，这样就有可能对幼犬的气管造成损害。幼犬脖子上的肌肉还没有发育得足够强壮，无论是你的牵引绳还是你的手法，都要轻柔。

这种项圈迟早会被比赛专用的牵引链所取代。不要把项圈留在幼犬的脖子上，不用的时候取下来，尤其是那些将来有可能比赛的幼犬，否则会在它们的脖子上留下痕迹，会导致脖子周围的毛发脱落，从而对它们脖子的外观造成视觉上的损害。更为重要的是，要对周围环境的一些突出物特别留意，比如像树杈、围栏，一旦项圈缠上了这些突出物，可能会导致幼犬被勒死。

给幼犬戴一条适当的项圈和牵引绳，把它带到离家100米的距离，把幼犬放在你身边，轻轻抚摸它的头，叫它的名字并给予鼓励，然后离开，无论它是否跟着你，都要让它感觉你要离开。用一只手握着牵引绳，注意牵引绳要放松，不能拉得太紧，不要违背幼犬的意志而使劲拽拉牵引绳。如果这时幼犬不愿移动，用那只没有握住牵引绳的手轻拍自己的大腿，并亲切地叫它的名字。大多数幼犬都会对陌生的环境产生恐惧感，它们会急切地想跟你回家。有些人会用食物来诱导幼犬，这种方法也是十分有效的。幼犬在陌生的环境下害怕被抛弃，以及天生的对人类产生的那种依赖感，会让幼犬紧紧地跟随你。主人对幼犬而言就像一把保护伞，在陌生的环境里，幼犬是不会让你离开它的视线的。

如果幼犬拒绝移动，你可以轻拉一下牵引绳并给予幼犬口头鼓励，这时如果幼犬朝你走来，你就可以慢慢地朝前移动，但记住不要太快，要让幼犬有足够的时间赶上你的步伐。牵它到家后，如果你认为幼犬的表现很好，就要给予奖励。有时候一些大胆的幼犬不用你做多少努力就可以随意地行走，举止表现得非常大胆，如果是这种情况，你可以在后面跟着它，去任何它想去的地方，保持牵引绳的松弛，不要让幼犬感觉到它被你控制。

反复做这样的训练，一直到幼犬能够轻松并快乐地被你牵引去你想去的任何地方，这样的训练不会持续太久的。开始牵引绳训练越早越好，时间耽搁得越久，幼犬就越难控制。每一次的训练时间都不要拖得太长，控制在5~10分钟左右，如果时间太长，幼犬会产生乏味感，下次训练就有可能产生抵触情绪。记住，每次训练完毕都要赞美它，给予一些它平时爱吃的零食作为奖励，为下一次的训练打好基础。

3. 犬笼训练

犬笼训练对于所有参赛犬来说是必不可少的。让犬在笼子里呆着并不是要惩罚它，这里面有太多的原因让犬习惯待在犬笼里。在旅行时，或者在汽车旅馆和赛场周围，这些让犬感到陌生的地方，犬笼提供了一个安全温暖的休息场所。犬的天性使它们需要一个属于自己的隐秘空间。当你在家里放置一个犬笼并把笼门打开，你会发现犬都愿意钻进笼子里面休息或睡觉，犬受到主人的惩罚时，它也会立刻逃进自己的犬笼，比起你家里的所有地方，犬笼是犬最喜欢待的地方，当然了，你家的沙发除外。

每一天都要让幼犬在犬笼里待上一段时间。最佳时机就是等它们玩累了想睡觉的时候，把它放进犬笼，不一会它就睡着了。

最初，当你把幼犬放在犬笼里让它独自待着的时候，幼犬可能会哭叫，这时最好的办法就是不要去理睬它，更不要尝试去安慰它，这是毫无用处的，只会延长幼犬哭叫的时间。如果你有足够的忍耐力不去理会，不久以后它就会停止哭叫。

每当犬自己进入犬笼时，有些主人会给它们奖励，比如狗饼干，有的主人可能会采取在犬笼里喂食幼犬的方法。方法多种多样，全凭个人的喜好。无论哪一种方法，只要你认为有效果，那就是正确的方法。

一只进行过良好犬笼训练的幼犬将成为你很好的旅行伴侣，只要方法正确，是不难做到这一点的。首先，把在笼中的幼犬放进你的车里，最好让它们自己进入犬笼，然后把它留在车里15~20分钟的时间，要确保车停在树荫底下和空气流通的地方。如果车停在被阳光曝晒的地方，幼犬会有致命危险，每年都有上百条狗死于这个原因，包括一小部分赛犬。幼犬如果已经习惯安静地待在静止的车里，就可以开车围着你的房子兜一个小圈，逐渐延长开车时间和距离，直到幼犬变成一个合格并愉快的旅行伴侣。

4. 围栏训练

带一只幼犬参加比赛将会是一件非常麻烦的事情，除非这只幼犬经过很好的围栏训练，能很好地控制大小便。一些幼犬会对陌生的环境产生恐惧心理，这些都可以通过牵引绳训练和围栏或犬笼训练得到解决。

如果幼犬感到排泄非常困难时，你可以用纸卷成细纸条，在纸条前端抹上润滑油，然后插入它们的直肠，这会成为一种非常有效的栓剂，大多数狗会立刻排清它们的粪便。这当然不会是一件非常有意思的事情，但这可以保持犬笼和航空箱的清洁。

拥有一个属于自己的训练围栏是非常有用的。比赛的场地多种多样，并不是所有的比赛场地都如你预期的那样清洁。在围栏里铺一块毯子会让事情变得更容易些，尤其是对于那些体型比较小的犬种而言。围栏被撤走后，幼犬仍会习惯于呆在毯子上，用一块旧毯子放在院子的角落里作为它们的厕所，可以有效地让它们排泄时远离草坪和你漂亮的花圃。

如前所说，在让幼犬接触外面这个未知的世界以前，要做好应有的接种疫苗，这样才可以放心地带犬参加比赛。比赛过程中，犬主要做好清洁工作，准备一些垃圾袋、毛巾、除狗屎器和消毒喷剂。

第六章

大概说起来，从松狮犬出生到满一岁这个阶段，都可以算作是幼犬阶段。这一阶段是小松狮一生之中最可爱、最活泼、成长最快的阶段，同时也是最重要的一段黄金时间。这段时间需要主人对小松狮特别照顾和教育，这会影响它的一辈子。所以，一定要慎重、仔细地对待它幼年时期出现的每一个问题。

关于幼犬的一切

一、如何挑选小松狮犬

1. 选一只健康的幼犬

选小狗时，最基本的条件就是——健康。

健康的小狗活泼，有精神，食欲、排泄均正常。还可以对照下表来判断小狗是否健康。

检查方法	健康表现	不健康表现
观察眼睛	灵活有神，明亮并且清澈	目光呆滞、晶状体混浊不清，有血丝，并且有很多眼屎
在头部左右分别击掌	听力正常的小狗会马上对两边的声音做出反应	对一边或者两边的声音都没有反应，或者反应比较慢
检查鼻头	湿润，干净	干燥，或者有明显的鼻涕
检查耳道	干净，无臭味	有臭味，并且有黑色分泌物
检查口腔	口腔黏膜和舌的颜色红润，无口臭，牙齿状态良好	有口臭，口腔黏膜有血丝
翻看被毛（包括四肢与尾巴）	被毛柔顺，有光泽；皮肤顺滑，没有明显残破	有秃毛、皮屑、外寄生虫（虫类）或搔痒现象
在站立状态下抚摸全身	可以摸到肋骨，腹部平坦或者稍微突起，腹下中央和鼠蹊部无肿块	摸不到肋骨或者肋骨太过突出；腹部过度膨大或臌胀；腹下中央和鼠蹊部有肿块
举起尾巴查看肛门	肛门四周和尾巴较干净	肛门和尾巴有排泄物残留
逗弄玩耍	行为正常、灵活，没有明显跛行	精神不振、反应迟钝、平衡能力失调或者明显跛行

2. 选一只心理健康的幼犬

虽然经常被忽略，但是幼犬的心理状态其实非常重要。尤其对于松狮犬这种天生的工作犬来说，过于敏感，或者过于霸道的性格都会给日后的训练和家庭生活带来很多不必要的麻烦。

在第一次见到一窝被照料得很好的小松狮犬时，乍一看，很可能发现所有的小狗都长得一模一样，这个时候，就要根据小狗们各自不同的行为举止来大概判断它们日后的性格。

3. 对呼喊的反应

小松狮犬听到呼喊后的反应	日后可能的性格
立刻冲过来，舔手舔脚	太过热情，或者太过精力充沛，日后很可能会变成不好管教的“大魔头”，需要比较有经验的主人
羞怯，藏在其他小狗身后	太过害羞，或者太过敏感。日后长大可能会变得胆小而安静，比较适合作为孩子或者老人的家庭伴侣
对呼唤没有立刻回应，而是在观察后慢慢走近	中立而稳重的性格，不会过分偏向于哪一个极端，所以是训练和担任工作犬的最佳选择

Tips:

挑选的时间也可以定在喂食饱餐之后，最强健那头往往是吃得最多的，吃饱后自然恹恹欲睡，对你不理不睬；相反，走出来热烈欢迎的，往往是性格柔顺、抢不过人家、吃得不太饱的小家伙。

4. 选一只品相优良的小松狮犬

幼犬的品相直接决定着长大后的相貌，怎么样才能准确地选中一只标准“美人坯子”呢？往下看吧。

（1）牙齿和嘴

首先检查它的牙齿和嘴。牙齿是水平、剪状咬合的，上齿应该在下齿前方紧密地配合（覆盖）下齿，不得有空隙。很少看到松狮有歪嘴，也就是说，颚部有角度，请仔细检查有无这种缺陷。嘴形有缺陷的都应淘汰，幼犬嘴形不好的很少会越长越好，多半是越长越坏。

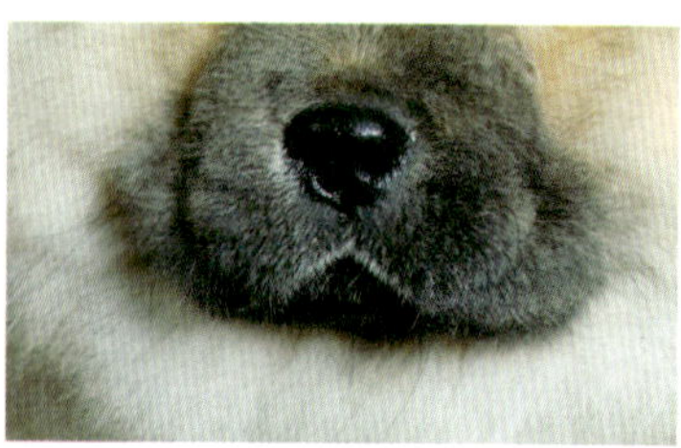

（2）眼睛

在这个年龄段的眼形有很大的参考意义。即使是色泽很深的眼睛，如果眼形是大而圆的，也应淘汰。淘汰深凹的眼睛。三角眼是比较理想的。

（3）鼻子

鼻子应是宽的，鼻孔应是黑色。

(4) 舌头

检查色素沉着，淘汰所有舌头有色斑的，即使在这样的年龄段，也不应有这样的现象。

(5) 耳朵

在幼犬时期这一点是非常重要的，但也比较难以确定。在成年期比较理想的耳朵大部分是直到约十周龄才竖起来的。使小犬面向你，头抬起，用手指放在耳朵中部，用点力轻轻地抬起耳朵，耳朵应该自然竖起（即使随即又垂下）。淘汰薄的、耳根高的、紧贴在一起的幼犬。

(6) 头骨

头骨应是平坦的，在与口鼻部交际处有轻微的转折。圆的头骨（有时候在眼睛上部形成一个肿块）会向口鼻部发展，在成年时使前脸变长。颈部非常重要，淘汰那些看起来像是“插上去”的颈部，颈部应呈略微的弓形，与身体水平线成65度角，这样可以使松狮犬在运动中保持优雅的姿态。

(7) 肩部

肩部决定胸部的宽度。肩膀要成一个角度或是很好地倾斜，如果不是这样，会导致一个很不好的结果——竖立的肩部。触摸肩胛的顶部，轻轻地放低颈部使肩胛更突出，在这个年龄段，肩胛间应有1.3厘米的间隔，这样在成年时会有4厘米的间隔。如果间隔不足，前部就会显窄。如果肩胛没有间隔，可以肯定将来前腿会成“罗圈”形。

(8) 腿部

腿部骨骼应该是圆而粗壮的，骨量好的小犬在幼犬期会有“有节的膝盖”，那是成年后骨量好的重要标志。淘汰腿骨很直而细的，虽然在这个时期看起来相当不错，但成年后多半不会很好。仔细检查前腿有无伸展趋势。如果脚趾呈角度伸出，多半是长成窄胸或是薄足的标志。即使在最幼年的时期，足部也应是圆而紧凑的。后腿应该像前肢一样直，从尾根部直到地面。很直的腿，如果像惠比特犬那样分开，也应淘汰。

(9) 尾根

尾根很重要，尾根跟后足的前部应成一线，尾根过低是不可取的，因其破坏了一只顶级犬的平衡。

(10) 肋骨

肋骨应很好地向后伸展，腰部越小越好。肋应是“蛋形”而不是“桶形”。

(11) 毛色

在这个时期毛色并不重要，一个判别的方法是检查其尾部毛色。

二、如何照料小松狮犬

1. 幼犬来家前的准备工作

在将小狗带回家以前，要先提供给小狗一个舒适、温暖、干燥并且通风的环境，还要将电线、易碎物品等对小狗而言的危险物品和不能让小狗触碰的东西收起来。

2. 对幼犬构成危险的物品

电线、纤维线头、所有药物、所有利器、所有会被碰掉的重物、所有能被小狗够到的食物、任何小到能够吞下的东西等。

3. 带幼犬回家时的注意事项

为了使小狗迅速适应环境，尽可能在天气晴朗的上午将小狗带回家。在傍晚以后的移动，会造成小狗的不安。

在接收小狗时，一定要向宠物店或以前的主人（或犬舍）详细询问它的健康状况和饮食习惯，并索取沾有母狗味道的东西或是小狗喜欢的玩具。

开车带小狗回家时，将小狗放在膝盖上，使它感受人体温度比放在篮子或旅行箱内更能够消除小狗的不安，同时可以避免小狗晕车。搭其他交通工具回家时，小狗会因为摇晃以及人群的嘈杂、各种味道感到神经过敏，因此，尽可能放在主人的身边，并不时和它说说话。为了防止小狗突然呕吐、腹泻等突发状况，要事先准备毛巾、报纸和塑胶袋。

回到家后，首先带它去厕所，将索取回来的带有母狗味道的东西和玩具放在它旁边，让它好好休息一下。暂且忍耐一下，不要去抱它或摸它，等它小睡一觉后，主动来找主人玩时，才温柔地成为它的玩伴。如果一开始就玩得很疯，会增加小狗的压力。

另外，环境紧迫容易引起低血糖症，在刚带回家的五天左右，可以在它所喝的水中加入少许蜂蜜。

刚回家的第一个星期，小狗会因为紧张和不安影响健康，但不需要特别担心。在小狗熟悉新环境、身体状况逐渐稳定后，可以请兽医进行健康检查，并接种疫苗。

小狗突然离开妈妈，离开兄弟姐妹，离开它熟悉的味道，它的内心必然十分惊慌，这时必须再找个新的“靠山”。这时，你就得体贴而悉心地照顾它了。

第一次接触幼犬时，首先要紧紧抱着它，先将一只手以拇指、食指、中指分开的姿势护住幼犬的胸部，再以拇指与食指、食指与中指分别夹住两条前腿。另一只手握住它的后腿臀部，两手臂夹紧，让它贴住你的身体，使它可以很快熟悉你的气味，同时感受到你的体温，认定你从此就是它的主人。

绝不可以提幼犬的耳朵、尾部乃至背部的皮毛。在回家的路上，要不断地轻声叫着它的名字。如果幼犬不安稳，可以用手指不断搔揉它的脖子和下巴。

狗窝要放在安静的角落，避免直接吹到冷风。

让它吃和原先同样的食物，如果原来的主人都给它吃狗粮，要问清是什么牌子的。要是原来不吃狗粮，建议你从它进门的那一天开始给它吃幼犬粮，对它对你都好。一天四次，每次的量不可太多。夜间不要让它喝太多水，在睡前吃一餐，并且把大、小便排干净，这样它就可以睡得久一点，不至于太早起来。

头一两天，小狗在夜里总会因为不习惯而哭叫，这时，可以轻声制止它，千万不要太大声，把它吓坏了；也不要因为它一哭就抱它，这样很容易养成它依赖、撒娇的习惯。防止它夜里哭叫，也可以用块大毛巾或者用报纸盖住笼子或狗窝。如此哭叫会有回音，也可以让它自己慢慢安静下来。家里如果有年幼的小孩，要教他们如何对待小狗。比如说正确的抱法，不要没事就去抱它，不要有太突然的动作或声音，免得吓到它，更不可以戏弄小狗，不要在用餐时间未到就喂它狗食或零食。

小狗在前两三天可能没精神，胃口不好，没有排泄。不必太担心，这是正常的适应过程。可以喂它喝水或是营养液，并且多让它休息。如果超过三天以上，最好找医生检查。找个离家近、医术、医德都不错的兽医师，以便随时可以请教、就医。尽可能固定一位医生，他才能够掌握小狗的一切情况，小狗也比较能合作。

要注意的一点是，小狗初进门时不要立即给它洗澡，要过一段时间才行；还要注意及时给它修剪指甲。

三、松狮犬幼犬的成长

从进家门时起，幼犬真的是一天变一个模样。在它快速的成长过程中，主人要注意什么呢？

1. 四至五月龄

这时乳牙开始更换，恒齿陆陆续续长出，幼犬的口腔会十分痒，努力地咬所有能咬得到的东西。这时不妨给它狗骨头、咬不碎的玩具。千万不要让它咬鞋、木头、布料或骨头等不能消化、不易消化的东西，这些容易造成消化道阻塞，导致幼犬没有食欲，甚至呕吐。

乳毛开始掉落，从头部开始，然后是背部，最后到全身。本来绒绒的细毛，被比较光亮而粗的新毛所取代。这时要帮它刷毛、梳毛，免得结毛球。

2. 六至七月龄

可以开始给予幼犬基本的服从训练，一天两三次，每次5～10分钟。许多小狗都会出现早熟的情况，不管雌雄，开始有交配动作，会抱住人们的手臂、腿部。极少数原产于寒带的母狗甚至开始发情，和其他狗接触时要看紧一点，别让幼犬被偷袭而怀孕。

3. 八至九月龄

已接近成熟，换牙、换毛也完成了。公、母狗可以开始做节育手术了。母狗可在第一次发情结束后两周左右进行手术。

4. 十至十二月龄

幼犬已经差不多完全长大了，体形固定下来，体重的增加也变慢，个性逐渐稳定。

5. 一周岁龄

一周岁龄相当于人类的十八岁，往后狗每长一岁再加四，就相当于人类的生理年龄。一岁以后的狗儿，生理上的毛病就少多了。如果行为上还有些毛病，需要尽快纠正过来。

四、小松狮犬如何洗澡

给小狗洗澡应在其生下来两个月以后进行，在接种预防针两个星期以后才开始。

室外饲养的狗一年洗三四次澡，室内养的狗20天至一个月洗一次为宜。狗的皮肤不像人类那样容易出汗，不需要经常洗澡，洗多了对狗的皮肤不好。

洗澡前应让它散步，让它排出尿和便，然后按顺序进行洗澡。

1. 把小狗放在36℃~38℃温水里，先把肛门附近的分泌物消除。

2. 使用专用的宠物浴液，从头部向后把全身洗一洗，之后，用清水把它清洗干净。注意不要让水进入眼睛、鼻子和嘴，也可用同样温度的水进行淋浴。

3. 清洗完毕后，让狗将身上的水抖落，然后用毛巾擦干。擦净体表的水分后，用吹风机和梳子把毛吹干整理。

一定要保证吹干，还要把毛尽量梳直。

五、小松狮犬的喂食

1. 三个月以前的幼犬，一天喂四次。

2. 三至六个月的幼犬一天喂三次。

3. 六个月以后一天喂二次。

4. 成年后一天喂一次即可。

成长期间注意补钙和微量元素，可以适当增加美毛粉一类的营养品。喂食的时间要固定，如果一次喂后不剩一点食物，犬又久久不离开食盘，下次喂食时加一点食物，但不可有剩食。

水要供应充分，要准备干净的容器，不要喂生水，不断地换新鲜水，不要数日不换陈水。让狗自由饮水。

六、小松狮犬的病前征兆

小松狮犬如果有反常表现，就应考虑有患病可能，以下反应可能是发病的表现，如果有这些症状你就要注意了！

1. 双眼混浊，有眼泪或眼充血。

2. 口臭，牙龈充血，此时可能感染了寄生虫或传染病。

3. 食欲突然减退，平日嗜好改变。

4. 健康的犬鼻子冰凉湿润，若流鼻涕或鼻子干燥也是发病的前兆。

5. 皮毛失去光泽或脱落是出现皮肤病的前奏。

6. 咳嗽、打喷嚏或呕吐也是发病的表现。

7. 尿液变成乳白色或褐色，大便稀或粘也是病兆。

七、松狮犬幼犬的防疫

1. 什么是疫苗

疫苗实际上是一种经过弱化、降低活力的病毒。用作疫苗的病毒都是经过特殊培养和技术处理的，它的活性比正常病毒低得多，能够帮助狗狗产生抵抗力。注射过疫苗后，就算以后感染正常的病毒，锻炼后的抵抗力也足以应付自如了。

2. 什么疫苗好

现在市场上有两种疫苗，一种是国产的，一种是进口的。进口的疫苗价格虽然较贵，但一般国产疫苗只能保证半年的防疫有效期，不仅每年都需要打两次，而且有些疫苗在高温的情况下会失去部分效力。所以，如果经济条件许可，还是推荐打进口疫苗比较保险。

3. 疫苗分类

（1）国产疫苗。

常见的国产疫苗是长春解放军军需大学兽医院生产的五联苗。

（2）进口疫苗。

①犬咳疫苗（荷兰英特威公司）。

②犬六联疫苗——包括：犬瘟热、传染性肝炎、腺病毒、副流感、钩端螺旋体和细小病毒（荷兰英特威公司、美国富道公司、法国维克公司）。

③犬七联疫苗（荷兰英特威公司）。

④狂犬疫苗（荷兰英特威公司、美国富道公司、法国维克公司）。

目前市场上除了七联疫苗为110元／针外，其余疫苗价格均为60元／针（进口）。

4. 免疫注射时间表

注射疫苗要严格遵循医生制定的免疫时间表，过早给小狗注射疫苗不仅不会保护小狗健康，反而会破坏母源抗体的功效，起到相反的作用。

（1）狗狗出生 30 天

滴鼻免疫犬咳疫苗

（2）狗狗出生 7—8 周

第一次六联疫苗注射

（3）狗狗出生 11—12 周

第二次六联疫苗注射

（4）狗狗出生 14—15 周

第三次六联疫苗并注射狂犬疫苗

全部完成后，以后只要每年注射一针六联疫苗和一针狂犬疫苗，就大可以安安心心地带狗狗出门了。

Tips:

1. 如果狗在进行第二次免疫注射的时候，找不到第一次免疫注射时使用的品牌的疫苗，可以用其他品牌的疫苗代替。
2. 无论狗的大小，每次免疫都只注射一针的剂量，疫苗的剂量与体重无关。
3. 给怀孕母犬注射疫苗可能造成流产，是绝对禁止的。动物在怀孕时，体内的抗体很高，一般不会患传染病，不需要注射疫苗。如果实在要打，就只能选用灭活型的疫苗。
4. 产后半个月之内不适合接种疫苗。
5. 外伤没有愈合的狗狗也不适合接种疫苗。

5. 注射前的检查

一般来说，注射疫苗对狗狗没有危险，但如果在疾病状态下注射疫苗却会有生命危险。因此注射前一定要先请兽医为狗狗检查身体。

体质比较差、营养不良的狗狗，最好先改善体质、加强营养，直到身体健康后再接种疫苗。

发病时不能接种疫苗。此时接种疫苗，会由于疫苗反应而加重病情，还可能使疫苗不能产生良好的免疫效果。

注射前与患病的狗狗接触过，就需要全面检查后再注射疫苗。

Tips:

如果你的狗狗有以下症状就说明它身体不舒服，先不要忙着去打疫苗了。

A. 发烧　B. 咳嗽　C. 腹泻

D. 眼屎增多　　E. 鼻头发干

F. 呕吐

6. 注射后的问题

注射疫苗后狗狗出现体温升高、精神沉郁、食欲下降、疼痛等问题都属于正常，一般两个小时左右就会没事。

如果出现全身瘙痒、面部肿胀，那就是过敏了，要到马上到医院去注射脱敏针。

也有一些狗狗在接种疫苗后几天至十几天内发病，这主要由于以下两种情况：

第一，接种疫苗时狗狗已经患病，只是处于潜伏期，临床症状还没有出现。

第二，在接种疫苗后到疫苗发挥作用之前(因为接种十几天后，抗体发挥的作用才达到高峰期，在此阶段，犬处于无抵抗力的状态)就感染了病毒而发病。

这时发病会非常严重，要马上送去医院治疗。

切记在接种疫苗后十天内严禁给狗狗洗澡，以防机体抵抗能力降低。

7. 几个小建议

饲养在家中很少出门的狗狗，仍然要注射疫苗。因为主人外出，可能会把病菌带回家中。

春秋两季温度合适，有助于疫苗发挥作用，所以最好选在春秋两季进行注射。

八、松狮犬幼犬的驱虫

幼犬在2～3月时，常会出现腹泻的现象，这很可能是内寄生虫性肠炎。一般由蛔虫、钩虫、绦虫或者球虫引起。由于幼犬肠腔小，蛔虫等寄生虫多，造成幼犬腹泻，消瘦，甚至吐虫子，粪便中可见虫卵。个别幼犬可引发小肠套叠，甚至脱肛。

1. 驱虫方法

驱除体内寄生虫可以用汽巴或者德国的拜耳内虫逃药物去除。

2. 汽巴驱虫时间

从出生到三个月——每两周服食一次；

从三个月到一岁——每两个月服食一次；

一岁以上——每三四个月服食一次。

当发现小狗大便有虫时，就要每两星期服食一次，直到大便没有虫，再根据上述按时服食。具体用法是早上将汽巴连同少量狗粮让爱犬服食，大约8小时后再让小狗正常进食。其间一定要保证饮水充足。

3. 拜耳内虫逃驱虫时间

每年只需服用一次。可直接吞服或包于肉或食物中给药，不需禁食，一次给药即可。

驱除体外寄生虫可以选择打针或者口服药物。打针可以用阿维菌素、伊维菌素或者通灭；药物可以选择进口药品“福来恩”或者国产“灭虫宁”。

在为爱犬驱虫前，最好先化验爱犬的粪便，以确定主要是哪种寄生虫的感染，然后再针对性地用药，这样效果既快又安全。对两三月以上的幼犬可用通灭或者害获灭注射来驱虫，不仅对体内的寄生虫感染有效，对体表的虱子和疥螨也有很好的效果。四月龄以后可用口服的驱虫药，每月一次。

九、松狮犬幼犬的最佳训练期

训练的最理想时期是从幼犬出生后70天左右开始。另外，平日训练则从幼犬到家里之日开始，循序渐进慢慢地进行。这个阶段，幼犬尚未染上任何恶习，而且力量比较弱小，这对饲养者来说就比较省力。 出生后1年，狗就成年了，体力也增长不少。这阶段要训练的话，就要花上一定的体力，而且要有一定的耐心。 例如，要牵住一条重9公斤左右的狗，不让它向前跑或扑、在散步过程中无缘无故地吠叫、随处大小便、看见人就扑上去等等，矫正就比较吃力了。

狗成长最快的阶段是出生后1年内。这期间，脑逐渐发育完善，也是狗学好学坏的关键时期。 因此，这一年是训练狗的最佳时期。但不要认为狗已经长大了,恐怕不能再训练了。事实上，无论多大的狗都能接受训练。不过，和幼犬时期训练相比，要花上更多的体力和更大的耐心。如果以前没有花更多时间来照料或放任自由惯的狗，已经染上了恶习,则要花上两倍三倍甚至更长的时间，但无论如何对自家的狗应抱有信心，经过训练一定能调教好。

狗的训练可分为两大阶段，首先，从到家之日起就开始训练，例如固定睡觉、排便地方等；其次，服从训练，一般在出生后70天开始，例如坐下、站起来等。

幼犬最好在60天后抱回调教，离开妈妈后它在相当长一段时间看到事物非常迷惑，无判断能力，但这段时间最易与主人建立感情，须注意以下几项：

第一， 给它起个名字。起初它会不习惯，不过用不了几周它便会适应，并且知道主人在呼唤它。

第二，学会各种口令。如坐、卧、去、不、衔等，口令要简单，呼喊时吐字要清楚。

第三，奖罚要分明。小松狮犬的感情是非常丰富的，它对任何奖励与惩罚都是最敏感的，奖罚形式应多种多样。例如，用同一种食物奖励或用同一种动作、同一种语言，并且经常变化，使它有热情并增加它的机敏度。比如，拍拍它的头说“好狗”，并给一点美味食物；如它犯了错误，训斥它，给予轻微的惩罚，并适度疏远它。

知识点连接

1. 犬的怀孕期有多长

从交配之日算起约63天。

2. 新生幼犬能看见东西吗

所有幼犬在出生时都是闭着眼睛，所以看不见东西。幼犬在长到10～12天后才开始睁开眼睛。

3. 幼犬的眼睛是什么颜色

无论成年犬的眼睛是棕黑色、浅棕色、黄色还是蓝色，新生幼犬眼睛的颜色都是灰色的。一直要长到约12周后才会变成成年犬眼睛的颜色。

4. 幼犬出生时有牙齿吗

所有幼犬在出生时都没有牙齿，长到8周后会有乳牙。在12～18周时开始长出恒牙。

5. 幼犬长到多大才开始有听觉

新生幼犬只会对震动做出反应，约两周大时才开始有听觉。

6. 幼犬如何发现母亲

幼犬一出生便具有十分发达的嗅觉，使它们很容易嗅到母乳的位置。另外，它们也可凭母亲身体所发出的热量找到母亲。

7. 幼犬多大才会走路

幼犬刚出生时不会走路,但会向母亲身边挪动身体去吸食乳汁，幼犬两周后才能开始爬行，约3周时能走路，4～5周时会跑。

8. 幼犬多大开始学会玩耍

幼犬长到3～4周时开始与同窝幼犬玩耍，6～8周时开始互相追逐摔打。

9. 幼犬多大才可以吃固体食物

幼犬长到3～4周时可以喂一些固体食物，但要到6～8周后才可以完全断奶并喂食固体食物。

10. 幼犬多大时第一次接种疫苗

幼犬长到6周大时首次接种预防犬肝炎、犬瘟热和细小毒症等疾病的疫苗，12～14周大时再接种一次。

11. 何时可以抱养幼犬

抱养幼犬必须等幼犬长到6～8周大后，这时的幼犬已经断奶开始食用固体食物，并且接种过疫苗。

第七章

对每一个训练者来说，松狮犬都是一块不好啃的“骨头”。它们非常聪明——聪明到能很快理解训练者的意图，同时，它们又非常自我——自我到对人们煞费苦心安排的训练课程根本不屑一顾。所以，很多时候，当它心情不错时，就会乖乖听话，给训练者一点惊喜。更多的时候则是一幅“八旗大爷”的派头，“不是我不会，实在是不想听你的”。

有鉴于此，我们这里提供的，只是一些日常坏习惯的纠正方法，和最基本的适应性训练。至于其他，相信我，松狮犬聪明到不用训练就能全部掌握——只不过，它还不想做给你看罢了。

松狮犬的日常训练

一、适应能力的训练

适应性训练，可锻炼松狮犬的体质和胆量，消除它对各种陌生的环境条件的恐惧心理，提高适应能力，以保证其正常行为和主人的指挥不受到影响。

1. 声响

（1）初期培养

在这一阶段训练过程中，声响的音量要小些，声源距犬大约50米～100米左右，避免造成犬胆怯、产生消极防御反射。助训员可采用抽打鞭子、敲打锣鼓、放爆竹、鸣枪等方法进行协助训练，同时主人应加以抚拍和用“好”的口令进行奖励或给予犬美食等手段分散犬对声响的注意力，逐步消除犬对声响的不适。以后可根据犬对声响的适应程度，逐渐缩短声源距犬的距离，每次训练次数不宜过多，每日训练一次即可。

（2）能力提高

主人牵好犬的牵引带，助训员可在距犬20米～30米处用发令枪和较响的爆竹等做声源体，根据第一阶段犬对声响的适应程度，适当增加音量和连续发出声响，如犬积极正常吠叫，训练员应及时给予抚拍和奖励，在此基础上逐渐使犬缩

短与声源距离，最后能正常地靠近声源体并且犬自身没有胆怯现象。

在犬对声响的突然性训练中，应根据犬对声响的适应程度由远及近，逐步提高，也可通过随机训练方式进行。当犬具备白天对声响的适应能力后，可逐步过渡到夜间进行训练，以增强犬全天候适应环境的能力。

在此阶段训练过程中可穿插带犬到车站、公路、闹市等场所锻炼犬适应复杂的环境，以增强对声响适应的广泛性。

（3）注意问题

①在声响训练中，发出声响的人应为他人，主人绝不能在犬面前以突然方式发出声响，以免使犬产生恐惧心理，对主人产生不信任感。

②声响的距离应由远至近、由弱到强，声响的种类尽可能要多样化。

③严禁用突然而强烈的声响或主人不在训练现场时进行训练。

二、环境锻炼

犬所生活的环境，随时随地都发生着变化。犬必须通过行为与环境相适应。但是犬只有先感知周围环境状态才能调整自己的行为，犬的行为是犬与环境相互作用的复杂结果，是犬体的综合机能，任何行为的发生总在一定自然环境下。因此，要加强对犬的环境锻炼。

1. 培养方法

主人要有意将犬带到犬所陌生的环境进行锻炼，以消除犬的探求反射，提高犬的适应能力。在环境锻炼中，除带犬到陌生的环境外，还应将犬带到有车辆、行人、家畜、家禽等活动的地方，将牵引带放长，让其自由活动。如犬表现畏惧时，主人应及时给予安抚和鼓励；如犬害怕陌生的环境或有扑咬某一对象的表现时，应立即用威胁音调发出“非”的口令．并伴随猛拉牵引带的机械刺激。当犬停止不良行为后，就用“好”的口

令加以奖励。如此训练，使犬对陌生环境的新异刺激既不害怕，也不主动攻击，从而培养出良好的适应能力。

2. 注意问题

训练中使用强迫手段易使犬对陌生环境和新异刺激产生抑制，主人应掌握好刺激强度。

环境锻炼应遵循由简入繁、循序渐进的原则，并结合多诱导、少强迫，多强化、少禁止的手段进行能力培养。

三、培养固定排便习惯

1. 训练要从第一天开始

把狗接到家以后就应逐步开始对它进行教育训练，但唯独对它进行的在固定地点排便的训练应当在第一天即着手。狗有个特点，第一次在哪儿排便，以后都爱在哪儿拉屎撒尿。所以尽量从一开始就要让它记住哪儿是为它指定的排便地点。

往往在睡醒时、进食后、饮水后和玩耍结束时狗容易产生便意，此时狗常常表现为急促不安，在屋里各个角落乱跑乱嗅。如果发现狗出现上述行为，应立即把它抱往指定的排便处，一边轻轻唤它拉屎撒尿，让它记住这就是为它准备的排便地点。

2. 应在当场对它严厉训斥

当然，教会它怎样在固定地点排便并不是一回两回就能办到的。最好提前把握它将要排便的时间，把它带到排便处，并发出声音指示它在此处排便，这项工作应该耐心持久地每天坚持一段时间，才能收到成效。万一狗在指定地点以外的地方便溺，那就应该当场用手戳它的鼻子并狠狠责骂它。但如果时间过去太久了，即使把它拽回去骂，狗也无法理解究竟是什么原因惹你发那么大火，这个道理在其他事情上也是一样。

事情发生后应用除臭剂尽量把便溺气味消除干净，万一留下一点气味，那么它很可能下次还会再来。

狗原本就喜欢干净，别忘了它们即使在野生时代也不愿意让窝边沾上哪怕一点儿屎尿。在它终于会在指定地点排便后，你应当尽量略显夸张地抱住它的脖子，抚摸抚摸它的头。让它意识到在这儿排便能得到主人的欣赏和赞扬。

你还可以利用狗嗅觉灵敏的特点，让它尽快学会排便规则。当狗学会在我们指定的地点自己排便时，请别把铺在便盆内的纸全部清除，最好留下一点，让它更好地巩固排便的良好习惯。

此外，也可以从小狗原来的主人那里取回来一点沾有它自己尿味的纸片，如果抱回家后把纸片放在指定的排便场所让它闻闻，也许就能让它更快地掌握排便的规矩。

给狗指定的排便地点最好别离窝太远，那样它不容易记住。如一时找不到较理想的场所，刚开始也应该尽量把便器先放得离窝近些，等它学会了在那儿排便后再一点点挪到远处。

狗在学会到指定地点排便后，由于某种原因也能重犯“随地大小便”的错误。这时不能灰心泄气，必须再好好从头教起。要是乱打它一顿出气反倒可能招来不好的结果。

不另指定排便处而培养狗在浴室排便也无妨。由于此处上下水齐备，冲洗倒也方便。但要注意将狗粪收集倒掉后立即冲洗干净，并经常进行消毒和除臭处理。

四、异嗜癖的纠正

异嗜癖，也就是吃大便这个行为最主要的是看着实在恶心！除此之外，狗吃大便不会引起太大的健康危害，但是粪便里有寄生虫，粪便时间过久已有细菌或霉菌孳生，其他狗的粪便有病毒污染，例如犬小病毒性胃肠炎病毒污染或原虫（例如弓虫）感染等会引起其他内科疾病，如果定时驱虫和打预防针就可把伤害减到最小。

处理方式不见得对每一只狗都有效，饲主要耐心尝试。

1. 断绝机会

狗大便后，马上清理干净，让它没有机会吃到大便，在无法掌握大便的时候，给它带上口罩让它吃不到大便或是把它关在笼里。

遛狗时一定用狗链，以防止它立刻吃自己的大便。如果它大便后就走开一定要表扬；如果它大便后表现想要去闻的样子就立刻阻止。在狗居住的环境中要把所有的大便清干净，让它完全没有任何机会。

2. 斥责、及时阻止

狗吃大便的当时要严厉阻止，不可体罚，否则会得到反效果。万一已经吃完了大便千万不要有任何处罚动作，因为狗已经不知道你为何处罚它了。

3. 鼓励

狗大便后夸奖它，以食物鼓励引诱，让它忘了去吃大便，慢慢把习惯改掉。

4. 粪便中加入狗不喜欢的味道

狗大便后在粪便中加入很苦的药或你的狗不喜欢的味道，这要饲主去发掘你的狗狗不喜欢的是什么味道，每只狗都不一样，可能要尝试看看。

5. 用命令阻止

这种方式对经过服从训练的狗才有用，它必须能听懂你的命令，例如“不行、坐下、来”等命令。当狗大便完后，命令它做一些服从动作把注意力移开，防止它去吃大便 。

6. 食物中添加狗消化后不喜欢的物质

在国外有一些商品，添加在狗食物中，或者把南瓜等添加在狗食内，之后粪便就不那么“美味”了，狗不会喜欢吃的。

五、纠正散步时的拉扯行为

带狗狗去散步，好开心！可是，如果是狗狗带你去散步呢？想想看，一只肥壮的大松狮犬在前面健步如飞，你紧紧拉着牵犬链被拖在后面摇摇欲坠……面对这样的场景，恐怕谁都笑不起来了。

事实上，这种场景我们经常会见到，不管大狗还是小狗，散步时的拉扯行为是一种非常普遍的不良习惯。

其实，在狗狗眼中，这种现象很容易理解。在一些统治欲比较强的狗狗看来，谁主导散步，谁就是老大；另外一些淘气的小家伙则只是迫不及待地想探索世界。

当然，从长远看，根除这一问题最好的办法是请专业驯犬员对你和狗狗进行一整套系统训练。但是，那需要很多的时间。所以，我们在这里介绍一些简单实用的制止拉扯的方法，只要贯彻实行，一样会产生较好的效果。

1. 言语命令

这是一个很传统的训练法，几乎纠正所有的坏习惯时都用得上。散步的时候，如果狗狗乖乖地走在你身边，就用“yes”口令夸奖它，同时伴以爱抚或者食物奖励；如果它还是执迷不悟向前猛跑，就用“no”的口令告诉它你不希望它这样做。

还有，训练口令一定要前后一致，不能混杂出现。

Tips:

这里有一个误区，狗狗其实不能听懂人说的是什么，它们只能从你的语气里听出你是在批评还是在表扬。所以，温柔的责骂就等于是表扬，在下达“yes”或“no”口令的时候，语气一定要坚决。

2. 项圈和牵引带

对于那些一意孤行的狗狗来说，项圈和牵引带就成了主人控制它的最后一样法宝了。要确保这两样法宝的大小长短绝对适合你的狗狗。胸带虽然带起来很舒服，但是并不能有效控制大型的狗狗。连在项圈上的牵引绳可以在狗狗向前冲的时候拉紧它的脖子，帮助主人在“拔河”中多少赢得一点优势。

3. “随行”的训练

要想让狗狗乖乖地走在身边，这是最有效的方法。虽然会比较费时间，但是成功的训练绝对物超所值。

(1) 拿着食物或者狗狗最喜欢的玩具，一边走一边下达“跟随”命令。狗狗看着玩具或食物，一般会自动跑过来。

(2) 狗狗跑过来的时候，再次发出“跟随”口令，并给它吃食物或者让它碰一碰玩具。

(3) 重复、重复、再重复，大概十次左右，可以把玩具扔给狗狗玩一会儿，然后结束训练。经过一段时间，

狗狗就会明白跟着主人走会很有趣并且能得到奖赏，“跟随”训练就成功一半了。

（4）在不同的地方训练。这一阶段因为诱惑比较多，狗狗很难集中精神，会表现得有些退步。不要气馁，只要坚持下去，就会成功。

4. 带面箍

这是没有办法的办法，不太人道，只适用于统治欲非常强的“死硬派”分子。带面箍摩擦鼻子很难受，如果狗狗听话地慢走就给它拿下来，一旦拉扯就马上戴上。经过一段时间后，它就会明白，只要乖乖地跟随主人步伐就可以免去“上刑”的痛苦。

六、爬跨行为的纠正

有没有过那样的尴尬场面呢？你家的“小伙子”圆睁着天真无邪的大眼睛，全无一点羞愧地大肆进行“性骚扰”。而且，对象不光是母狗，就连同性、玩具，甚至人它都毫不挑剔，照单全收。这时候，你可能就需要好好检讨一下它的习惯了。

1. 正常现象

其实，对狗狗来说，爬跨不仅仅是一种性行为，更是一种狗狗表达自己的一种比较特殊的方式。

幼犬的爬跨是高兴和顽皮的表现，尤其是主人离开一段时间返回时，常有这一动作。两只小公犬玩耍时也常有爬跨动作，这是高兴的表现，不用担心它们的性取向不正常。成年公犬爬跨时有两种情况：一是为了与发情母犬交配，另一种情况是企图确立自己的优势。

当一只狗爬跨到另一只狗身上，或是站起来，用爪子按住其他小狗的身体时，它是在说：“我才是老大！”所以，爬跨不是公犬才有的行为，有些争强好胜的“狗小姐”也会这么做。这只是一种征服性的动作，很少有性的意味。

2. 不正常的现象

有时候狗狗的爬跨行为就不那么简单了。比如爬跨主人的手臂或小腿，家里的长毛绒玩具等等，这是大多成年的小型宠物犬都会发生的现象。这不是性行为，而是一种不良的习惯！

3. 几种对策

（1）训练法。这是最常见的手段，当出现坏习惯的时候，及时制止，同时给以惩罚，让它长长记性。

（2）消耗精力法。运动、散步、玩耍，都可以消耗狗狗过剩的体能，转移它的注意力，从而改善它不良的性兴奋行为。

（3）听其自然法。就算狗狗仍然不改，也千万不要急着把它给“做了”。试试干脆不理它，也不让它接近发情的母犬，一旦长大成熟后，这种问题常常会自然消除。

七、分离焦虑症的疗法

独自在家，它在做什么？这可能是每一个养宠物的人都想知道的问题。

当我们不在家，亲爱的小宝贝们

都在做什么呢？是闷头大睡，还是四处游荡？或是看着天空发呆，思考一些高深的哲学问题？

这方面的资料很少。据说，在美国，有一只名叫加菲的大胖猫是借着和一只叫欧迪的小狗玩牌来打发时间的。另外，一个宠物节目在架设摄像机观察狗独自在家的表现时，无意间暴露了狗的一个神奇能力：心灵感应。当时，主人上班，狗在家睡觉，摄影机分别跟拍。就在主人动身回家的一刹那，仿佛心灵相通一样，那只本来趴在桌下睡懒觉的狗狗一下子站了起来。很神奇，这也从一个侧面表现出狗是群居动物，在它们看来，一起生活的人就是种群的成员，它们会本能地喜欢有人陪伴。所以，经常让狗单独生活是不负责任、没有爱心的做法。

但是，每个人都有自己的事情，不可能一天到晚陪着狗。其实狗也能适应一段时间的独自生活，而不会出现严重的心理障碍。对于多数受过良好训练的狗来说，焦虑几乎不会造成什么影响。但对有些狗的影响极为严重，即使主人只是离开很短的时间，它也会产生异常的举动。严重的心理压力会导致狗独自在家的时候哀号、吠叫、自残、破坏东西、主人回家后过度兴奋甚至偶尔会出现咬人的情况。这都属于分离焦虑症的症状。

1. 焦虑症原因

其实，在大多数情况下，狗是没有错误的，造成问题的恰恰是主人行为的不当。

许多没有经过正确训练和受到溺爱的小狗很容易出现这种行为问题。

因为它总是得到关注，从没有学会如何独自生活。

有的主人过分娇纵狗，过度的溺爱会让它认为自己的每一个需要都会得到满足，使得它无法自立。

有的主人和狗关系过分亲密，使狗产生了强烈的依赖心理。一旦环境改变，主人找到其他的心理寄托，狗就被放置一旁，就很可能产生严重的分离焦虑症。

对狗的关心减少也会导致不安。比如狗生病时受到悉心照顾，病好后，主人的关心突然减少，这也会使部分狗产生焦虑反应。

Tips：分离焦虑症的迹象

1. 当主人准备离开家时，狗来回跑动。
2. 大量流口水。
3. 主人不在家时狂吠。
4. 破坏性行为。
5. 主人离家或回家时过分激动。

2. 预防焦虑

解决问题最好的方法就是预防。对于一只小狗或是刚刚到来的狗，每天应该至少让它独自待半个小时以上，每天进行多次。

要给狗明确划分出它自己的领地，比如说狗笼或狗窝。让它明白狗笼是它的地盘，在那里就是舒适安全的。这样可以让它明白：主人会去它的领地探望它，而不是整天和它腻在一起。

3. 缓解分离焦虑的方法

（1）减少依赖。强迫自己将对狗的关注减少一多半，不管它用什么方式试图吸引你的注意，都不要理它。主人和家人的行动一定要一致。

（2）假装出门去，让它独自在家待几分钟。如果狗吠叫，不要进去。等停止吠叫后再回去，并给予奖励。

（3）消耗精力法。狗和人一样，只要累了就会乖乖安静下来。所以，只要适度增加运动量，它就会只想好好睡一觉了。

（4）给它找个玩伴吧，有另一只狗陪伴会好很多。

八、训练比赛姿势

我们从一些国际、国内大型的名犬展示比赛中看到，参加比赛的犬都会很自觉地摆出优美的姿势。由于对名犬的展示评比，除要观察犬的外貌是否美观外，站立姿势的好坏也是犬能否取得优胜的关键。所以，如果你的爱犬今后准备参赛的话，就一定要在平时训练好。

训练松狮犬摆出优美的姿势，首先可以准备一张小桌子，将犬抱到小桌上，让它的后腿靠近小桌的边缘部分。当犬由于害怕想卧下时，就要用一只手托住它的前胸或下巴，另一只手轻轻向后拉犬的尾巴。托着前胸的手向后推，让犬感觉后退后脚就会失去支撑，只能尽量把身体向前倾，自然呈现出一种四肢挺直，昂首挺胸的姿势来。在拉犬的尾巴时，注意不能只拉尾毛，以免引起犬疼痛而拒训。

进行这种训练最好从5～6个月大的幼犬开始，只要重复多次训练后，犬就会形成条件反射，以后无论站在平地上还是参加比赛，只要托起犬胸和拉起犬尾，犬就自然摆出标准和优美姿势了。

附录

犬舍访谈——安娜与我们

被访者/杨玲女士（安娜犬舍主理人、资深指导手、中国北京松狮俱乐部创始人）

问：你是怎么喜欢上松狮犬的，并且一直坚持做纯种松狮犬的繁育到今天的呢？

杨：我记得第一次看到松狮犬的时候是在电视上，当时是一位外国朋友牵的，那时侯我就开始喜欢上了松狮犬。后来我从各种杂志上看到松狮犬是产于中国的本土犬种，但是在中国很难见到一只纯种松狮犬，既然这一犬种是产于中国，为什么中国没有呢？从那时起我就下定了决心，为了这个目标便义无反顾地花重金引进高素质的松狮犬来作为繁殖之用，以期把国内的松狮犬水平提高一个新的台阶，并且要让更多的人深入了解松狮犬。

问：请问你的犬舍具体在什么位置，环境怎么样？好像一个好的环境和饲养条件对一只狗的成长是很重要的。

杨：我们犬舍位于北京通州区张家湾镇，犬舍四周绿水环绕，小岛之上绿树叠翠，空气清新，风光旖旎，可谓水景福地，风景独好，是松狮犬繁殖的最佳基地。我的犬舍占地9亩左右，有松狮犬专用的美容室、洗澡间、空调房，非常适合松狮犬的成长和繁育。在舍犬只血统顶级，多次在全国的比赛中获得优良成绩。

问：你的先生似乎也很喜欢松狮犬及各个犬种，而且很专业。你对松狮的喜爱是否有家庭的影响呢？

杨：我想要是没有我的先生，也就没有我们安娜的今天，谢谢他的支持和鼓励！

问：您的松狮犬俱乐部组建得很成功，并且受到了许多喜爱松狮犬人士和爱好者的一致好评，请问你的初衷是什么？

杨：看到中国松狮犬市场的现状，我感到很伤心也很惋惜。我成立松狮俱乐部就是想团结松狮犬爱好者来共同拯救松狮犬的市场，希望中国本土松狮犬能在中国很好地繁育下去。另外松狮俱乐部成立是顺应宠物行业发展需要，是为了致力于发展中国本土松狮犬事业，弘扬松狮犬文化，倡导建立人宠友好共处的和谐社会。

问：我看到你荣誉墙上的众多奖杯了，但是依然想问你，你觉得哪个奖杯最难忘，或者是哪个奖杯含金量最高，是你最希望夺得的？

杨：在2004年上海的犬展中，我自己繁殖的松狮犬“总统”得到了全场特幼犬后备总冠军的优异成绩，还有更多的（Best In Show）和（Best In Special Show）。

问：作为一名业内知名的指导手，我想知道你究竟得过多少荣誉，尤其是牵引松狮犬的？

杨：从入行到现在拿下了太多的奖励，几乎都是牵松狮所获得的，至于数量大概100多个吧，我也记不清了。

问：你对松狮犬的热爱究竟有多深？你为了这个犬种又忙碌成什么样？

杨：随着犬舍的发展，犬种和犬只的日渐增多意味着更多的操劳。我为爱犬们付出的辛苦远远超出了生意的需要。我早晨五点就必须起来巡查犬场，放爱犬们出来活动，饲喂犬只；七点前后再小睡片刻，然后开始更加忙碌的训练、美容、配种、发货等一系列工作。犬舍内一天电话不断，甚至到了很晚的时候还要接听来自各地的咨询和订货电话。经常会有这样的事：早晨起来忙碌一个上午，为爱犬们精心调配营养、打理梳妆，再把客户要的犬只装进航空箱送往机场，等回到犬舍时已经是下午，工人们都已吃过饭，留给我的不过是一碗冷面条！就连我自己有时也想不明白，自己这是图什么？是为了挣钱？算算每个月广告投入和产出的比例，和付出的辛苦相比，利润实在算不上多。不过既然有乐趣在，多辛苦也认了，谁叫咱喜欢松狮犬和这个行业呢？

问：“安娜”这个名字似乎是一个松狮犬的金字招牌，请问你对你所售出的犬只究竟有何保证？同时你对松狮犬的繁殖理念是什么？

杨：本着对犬的爱心，我离开了温暖舒适的家，搬到犬舍居住，以便更好地观察和了解爱犬们的生活习性，更好地照顾它们。从引进、饲养、繁育到训练的每一个步骤都要精益求精，从不敷衍了事。在我的眼里，生意绝不仅是生意，我对自己售出的犬只有着强烈的责任感。如果发现售出的犬只在新主人那里没有受到很好的照顾，我一定会说出来，即使对方不喜欢听。有一家知名犬舍曾对一只从我这里引进的奶油色松狮犬进行漂白，这让我心疼不已。因为我知道，松狮并没有纯白色基因，所谓的白松狮实际上就是最浅的奶油色，绝不可能白到毫无棕黄色痕迹，漂染对犬的毛发有严重伤害，没有必要为了迎合客户，对认为越白越好的错误观念进行不应有的让步。我想我的这种执著和认真，应该为安娜犬业赢得了业内外的一些尊敬和认可。

问：非常感谢杨玲女士接受我们的采访，如果有些喜爱松狮犬的读者想向你咨询问题或是学习一些经验的话，应该怎么联系你呢？可以给我们一个联系方式吗？

杨：非常愿意和大家交流学习，可以加我的QQ，号码是389050159，也可以加我的MSN，yldmd331226@hotmail.com，或者是登陆我的网站www.chinachow.cn给我留言。愿所有喜爱松狮犬的朋友都能拥有这个人类最好的朋友！

松狮宝宝成长记录

记录下松狮宝宝成长的一点一滴

出生______天/月

主人姓名:

地址:

联系方式:

宠物爱称: 性别:

出生日期:

免疫情况: 是□ 否□

肩高: 体重:

照片

备注

出生______天/月

主人姓名:

地址:

联系方式:

宠物爱称: 性别:

出生日期:

免疫情况: 是□ 否□

肩高: 体重:

照片

备注

主人姓名:

地址:

联系方式:

宠物爱称: 性别:

出生日期:

免疫情况: 是□ 否□

肩高: 体重:

照片

备注

出生______天/月

主人姓名:

地址:

联系方式:

宠物爱称: 性别:

出生日期:

免疫情况: 是□ 否□

肩高: 体重:

备注

出生______天/月

主人姓名:

地址:

联系方式:

宠物爱称: 性别:

出生日期:

免疫情况: 是□ 否□

肩高: 体重:

照片

备注

出生______天/月

主人姓名:

地址:

联系方式:

宠物爱称: 性别:

出生日期:

免疫情况: 是□ 否□

肩高: 体重:

照片

备注

出生______天/月

主人姓名:

地址:

联系方式:

宠物爱称: 性别:

出生日期:

免疫情况: 是□ 否□

肩高: 体重:

照片

备注

出生______天/月

主人姓名:

地址:

联系方式:

宠物爱称: 性别:

出生日期:

免疫情况: 是□ 否□

肩高: 体重:

照片

备注

出生______天/月

主人姓名:

地址:

联系方式:

宠物爱称: 性别:

出生日期:

免疫情况: 是□ 否□

肩高: 体重:

照片

备注

松狮宝宝免疫记录表

主人姓名: **联系方式:**

宠物爱称: 性别:

出生日期:

松狮免疫表	免疫时间	疫苗种类	备注
第1次免疫			
第2次免疫			
第3次免疫			
第4次免疫			
第5次免疫			
第6次免疫			
第7次免疫			
第8次免疫			
第9次免疫			
第10次免疫			
第11次免疫			
第12次免疫			
第13次免疫			

松狮宝宝驱虫记录表

主人姓名: **联系方式:**

宠物爱称: 性别:

出生日期:

松狮驱虫表	驱虫时间	驱虫药种类	备注
第1次驱虫			
第2次驱虫			
第3次驱虫			
第4次驱虫			
第5次驱虫			
第6次驱虫			
第7次驱虫			
第8次驱虫			
第9次驱虫			
第10次驱虫			
第11次驱虫			
第12次驱虫			
第13次驱虫